上宫金矿成矿构造与蚀变专题研究

汪江河　冯绍平　刘耀文　等著

黄河水利出版社

·郑州·

内 容 提 要

本书首次应用成矿构造与蚀变专题研究方法,在上宫金矿田和金矿区(带)开展了构造特征、演化、形成和成矿控矿及其蚀变特征的探索性研究。通过研究,认为与金矿化关系密切的蚀变主要有钾长石化、硅化、黄铁矿化、绢云母化,金的主要载体矿物是黄铁矿,微晶黄铁绢英岩化是金的主要成矿期,在构造碎裂与蚀变较强烈地段、断裂分支复合地段及断裂面凹凸转换部位有利于矿化富集。根据金矿体趋势预测成果,认为干树66线到上宫43线之间为深部找矿最有利地段,指明了该区中深部找矿方向。

本书内容丰富、资料翔实,对该区金矿的成矿构造与蚀变总结全面、客观,具有较高的实用性。可供从事金矿勘查开发工作者、研究人员和大专院校师生及有关学者参考。

图书在版编目(CIP)数据

上宫金矿成矿构造与蚀变专题研究/汪江河等著. —郑州:
黄河水利出版社,2019.11
ISBN 978 - 7 - 5509 - 2529 - 8

Ⅰ. 上… Ⅱ. ①汪… Ⅲ. ①金矿床 - 成矿规律 - 研究 -
洛宁县 ②金矿床 - 蚀变 - 研究 - 洛宁县 Ⅳ. ①P618.51

中国版本图书馆 CIP 数据核字(2019)第 232602 号

出 版 社:黄河水利出版社 网址:www. yrcp. com
 地址:河南省郑州市顺河路黄委会综合楼14层 邮政编码:450003
发行单位:黄河水利出版社
 发行部电话:0371 -66026940、66020550、66028024、66022620(传真)
 E-mail:hhslcbs@126. com
承印单位:河南新华印刷集团有限公司
开本:787 mm × 1 092 mm 1/16
印张:7
字数:170 千字
版次:2019 年 11 月第 1 版 印次:2019 年 11 月第 1 次印刷
定价:30. 00 元

《上宫金矿成矿构造与蚀变专题研究》
编委会

主　　编　　汪江河

编写人员　　汪江河　　冯绍平　　刘耀文　　孙卫志
　　　　　　施　强　　梁新辉　　颜正信　　田海涛
　　　　　　汪　洋　　张苏坤　　常嘉毅　　张争辉
　　　　　　史保堂　　姚书振　　何谋惷　　孟　宇

参加人员　　黄智华　　王小涛　　张怡静　　黄　岚
　　　　　　张　伟　　侯恩慧　　康宏伟　　苗晓斌
　　　　　　张　豪　　程蓓蕾　　毛　宁　　张澍蕾
　　　　　　王丽娟

目　录

第1章 绪 论

1.1 目标任务及研究区概况

1.1.1 项目来源及目标任务

根据全国老矿山深部和外围找矿项目2012、2013、2014年度任务书(编号:资〔2012〕02-24-29)、资〔2013〕01-036-039、资〔2014〕03-001-020),河南省洛宁县上宫金矿接替资源勘查项目总体目标任务是:

(1)在上宫矿区深部及外围预测区(编号Ⅰ号预测区)和七里坪预测区(编号Ⅱ、Ⅲ号预测区)深部及外围对地质、矿产、物探、化探等已有资料全面综合研究的基础上,提出深部找矿远景地段。

(2)开展成矿构造及蚀变专题研究等工作。补充必要的物(化)探工作,提出深部找矿远景地段。

(3)选择有利地段开展深部钻探验证,扩大矿产远景,为矿山企业全面开展增储工作提供依据。

(4)预期成果:①提交(333)+(334)? 金资源量10 t;②提交项目成果报告及专题研究报告。

1.1.2 研究区概况

研究区位于河南省西部洛宁县南部,洛宁县上宫和七里坪两个金矿区内,地理坐标为东经111°32′52″~111°37′30″,北纬34°10′00″~34°14′00″,工作区面积为27.356 3 km²,为洛阳坤宇矿业有限公司法定矿权区内,无矿权争议。研究区北邻洛宁县城,北东距洛宁县城35 km,行政区划属洛宁县西山底乡、赵村乡管辖,村村通公路以联通各个村镇,交通便利(见图1-1)。

1.2 研究现状

自20世纪50年代以来,先后有原地质(矿产)部、冶金部、核工业部、建材及化工部所属的多家地勘单位、科研单位和地质院校在该研究区开展过不同目的、不同性质、不同比例尺的区域地质、矿产地质调查,重要成矿区、矿带及矿区地球化学勘查,成矿规律和成矿预测研究等工作。

1.2.1 区域地质调查和物化探工作

研究区内1:20万区调工作始于1956年,由原地质部秦岭区测队完成,部分图幅由原河

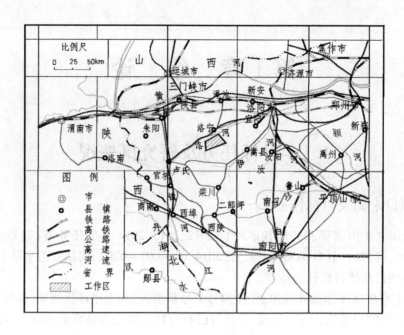

图 1-1　研究区地理位置

南省地矿局区测队完成。1∶5万区域地质调查,多数图幅由原河南省地矿局地调一队完成,大部分图幅做了矿产调查工作(矿点评价、重砂、化探、物探测量等),系统总结了区域矿产分布规律,划分了找矿远景区。

物化探工作由原地质部航磁 902 队、905 队(主要是 902 队)在本研究区进行过 1∶20 万至 1∶10 万航磁测量,原地质部航磁 903 队在区内开展了 1∶5 万航磁测量。此外,原河南省地质局区域地质调查队在 20 世纪 80 年代先后开展的栾川幅、洛宁幅 1∶20 万及 1∶5 万水系沉积物测量已覆盖熊耳山全区,提交了 39 种元素地球化学图及说明书。

河南省地矿局地矿一院先后在熊耳山北麓、南麓分别开展了 1∶5 万水系沉积物测量,提交了《河南省熊耳山地区 1∶5 万水系沉积物测量报告》,圈出 2 个甲类异常、6 个乙类异常,其中以上宫 6 甲 – Au、Ag、Pb、Zn 甲类异常远景最好。并针对地球化学异常区(带)开展了系统的 1∶1 万断裂带土壤测量和岩石测量,提交了《河南省熊耳山地区七里坪 – 星星阴构造蚀变带地球化学土壤测量报告》,圈出单元素地球化学异常 231 个、组合异常 36 个,同时划分出 8 个最有找金希望的异常段,其中Ⅱ、Ⅲ异常段已分别探明上宫大型、干树中型构造蚀变岩型金矿床。

1.2.2　地质矿产勘查工作

自 20 世纪 60 年代以来,先后有多家地质勘查单位在熊耳山地区开展不同矿种、不同性质、不同程度的矿产勘查工作,累计提交构造蚀变岩型大型金矿 3 处(上宫、北岭、祁雨沟),中小型矿床数十处。自 20 世纪 80 年代在熊耳山地区找到、评价了河南省第一例构造蚀变岩型金矿床——上宫大型金矿床之后,多家地质勘查和科研单位相继在熊耳山地区找到、评价了 10 余处大、中、小型金矿,从而形成了熊耳山金矿田。

河南省地矿局地矿一院三十多年来一直坚持在该区开展勘查找矿工作,1982～1988 年在对洛宁上宫金矿进行了普查、详查、勘探，提交了《河南省洛宁县上宫矿区金矿勘探地质报告》，首次在河南省熊耳山地区找到并探明了第一个大型构造蚀变岩型金矿床。1990年提交了《河南省洛宁县上宫矿区外围金矿普查地质报告》。2006年提交了《河南省洛宁县上宫矿区金矿资源潜力调查报告》，圈定了矿产资源潜力预测区3处，预估算深部（采矿标高以下）金属量22 745 kg；2007~2010年在资源潜力调查的基础上，通过深部普查提交了《河南省洛宁县上宫金矿接替资源勘查（普查）报告》，2012年提交了《河南省洛阳坤宇矿业有限公司洛宁上宫金矿生产勘探报告》，累计查明金金属量已达47 959.3 kg。

1.2.3 地质矿产科研成果

1986~1988年，由河南省地矿局地矿第一地质调查队及河南省岩石矿物测试中心提交了《地矿部"七五"重点攻关项目：秦巴地区重大基础地质问题和主要矿产成矿规律研究——Ⅳ-5熊耳山地区蚀变构造岩型金矿成矿地质条件及富集规律研究报告》，以上宫金矿床为重点，总结了矿化富集规律和找矿标志，建立了成矿模式，进行了成矿远景预测。该报告对熊耳山地区中浅部金矿资源总量预测为872 t，以上宫为主的花山隆起区为587 t，西南部瑶原隆起区为114 t，康山-红庄隆起区为171 t。

1990年"八五"国家重点科技攻关项目"熊耳山-崤山地区金矿成矿地质条件和找矿综合评价模型"（编号：90051-03-01）由天津地质矿产研究所、武警黄金地质研究所负责，参加单位有河南省地矿厅第一地质调查队、河南省地质科学研究所、有色金属总公司河南矿产地质研究所、地质矿产部西安地质矿产研究所。该项目研究报告在总体上已达国际先进水平。在金矿类型划分方面和建立金矿综合评价模型方面有创新，丰富和发展了火山岩地区金矿成矿理论。

1993年河南省地矿局第一地质矿产调查队历时3年完成国家重点黄金科技攻关项目"熊耳山北坡金矿地质特征及远景预测研究报告"（编号：90051-03-1-3）。其中对上宫、虎沟、干树金矿成矿作用、成矿规律及类型、矿床成因模式等进行了研究，指出熊耳山地区具有非常丰富的金矿资源，该区可作为地质研究及找矿的重要靶区。

1982~1988年河南省地矿局第一地质矿产调查队完成了地矿部科技82092项目"豫西地区成矿地质条件分析及主要矿产远景预测"。首次通过基础地质编图，系统整理了豫西地区三十多年来所取得的各项地质成果，重点对金、钼、钨、铅、锌等主要内生矿产进行了分析研究，划分出了包括上宫、虎沟、干树金矿在内的61个成矿预测区。

2011~2014年河南省地矿局第一地质矿产调查院完成了河南省"两权价款"地质科研项目"熊耳山北麓中深部金矿成矿规律与找矿方向研究"，首次应用幔枝构造理论开展了探索性研究。通过开展矿体趋势预测，在6个金矿床9条主矿体的深部优选找矿靶区4个，靶位31个，结合深部找矿项目优化验证19个孔，见矿率68%，真正实现了"科研预测—验证—再预测—再验证"的有效结合，推动了该区中深部找矿重大突破。

研究区经过长期的基础地质、矿产地质、物化探和科研等工作，积累了各种丰富的成果资料，为本次研究创造了良好的条件，特别是近年来取得的勘查成果，为项目研究工作的实施奠定了坚实的基础。

1.3 研究内容、技术路线及研究方法

1.3.1 主要研究内容

研究区地表浅深部均遭强烈的氧化,原生成矿构造与蚀变的特点多被掩盖,只能根据中深部坑钻工程揭露情况的观察,开展成矿构造与蚀变研究工作。

成矿构造研究主要工作内容是对工作区地质、物(化)探等找矿信息进行综合整理和系统分析,对成矿构造结构面类型、力学性质、产状、分布期次、充填物质组分、强度、空间变化进行应力解析,分析成矿构造体系。确定成矿地质体类型、空间分布、岩石组合、蚀变特征,分析成矿地质体与矿体(床)的关系。

蚀变专项研究主要工作内容,是对工作区地质、物(化)探等找矿信息进行综合整理和系统分析,确定不同期次蚀变矿物组分,划分蚀变类型,确定蚀变矿物和寄主矿物交代关系。通过剖面和中段平面详细标示不同蚀变类型空间分布,区分成矿前蚀变和成矿期蚀变及其分布范围,标示推测隐伏矿化体位置。

将野外调查、勘查工程(槽、坑、钻)编录与专题研究有机结合,做到两者统筹安排,互为补充,互相促进。

1.3.2 技术路线

(1)系统调查区内主要含矿断裂构造,研究主要含矿断裂构造在走向和倾向上产状、形态、厚度变化对矿体分布的控制。查明含矿断裂的规模(宽度)、性质、产状变化、含矿性等。

(2)通过矿区勘探剖面和中段平面资料分析,研究矿床构造的分枝、复合、转折情况发育程度,研究不同矿化受断裂多阶段活动产生的不同构造裂隙控制的特点和分布规律。通过趋势分析,研究深部有利成矿空间的分布规律及其对矿体分布的控制关系,重点解决断裂构造沿走向和倾向,特别沿倾向的控矿规律和矿化分段富集的规律问题。

(3)通过岩矿石鉴定及矿物共生组合分析,采取现代显微鉴定仪器,对矿石矿物组合进行系统鉴定分析,研究矿物共生组合规律,指导找矿预测。

(4)矿床地球化学特征研究,选择重点研究矿床中不同标高的坑道和钻孔,按一定间距采集矿石、围岩的地球化学样,了解矿床中成矿、微量和指示元素的分配、分布特点,岩石地球化学晕的水平和垂直叠加分带及其对深部找矿、预测的指示意义。

1.3.3 研究方法

本次研究方法以野外调查、编录工作为主,紧密配合使用探矿工程编录、物化探剖面测量、取样与测试、资料综合整理与研究等多种技术方法、手段,开展矿床成矿构造及蚀变专题研究。各项技术工作要严格按照有关规范、规定执行。

1.地质调查工作

在修测原矿区1:1万地质图的基础上,针对成矿构造与蚀变进行追索调查,由于地表浅深部均遭强烈的氧化,原生成矿构造与蚀变的特点多被掩盖,主要是充分利用矿区已有槽探、探矿坑道和钻孔对含矿构造与蚀变进行中深部调查研究,查明含矿构造在不同标高的规

模、形态、产状、矿石物质组分、矿化特征,了解围岩蚀变类型、特征、规模及矿化与蚀变作用的关系。

2. 槽探、坑道及钻孔地质编录

在工程测量的基础上,对中深部穿脉平巷采用剖面法,比例尺1:1 000进行编录和采集研究样品。

3. 地球物理、地球化学剖面测量

配合地质调查,主要在坑钻中开展地井激电、构造地球化学岩石剖面测量等工作,用于发现矿化信息,预测隐伏矿体,为验证工程布置提供依据。

1.4 研究过程及完成的主要工作量

3年多来,在全面完成接替资源勘查找矿工作和系统收集研究区内地质勘查和研究成果的基础上,开展了成矿构造与蚀变专题研究,完成1:1万地质修测、岩矿化学全分析样,坑钻过程编录由河南省地矿局地矿一院承担;X粉晶衍射分析、主量元素分析、微量稀土元素分析、流体包裹体测温以及薄片鉴定等样品,分别由河南省岩矿测试中心、石家庄经济学院、国土资源部郑州矿产资源监督检测中心和中国地质大学(武汉)综合岩矿测试中心承担。

项目研究工作可分成以下三个阶段:

(1)2012年5~11月,项目组汪江河、赵春和、冯绍平、史保堂等与石家庄经济学院四位地学教授牛树银、孙爱群、王宝德、张建珍及其带领的6名研究生(冯绍平、史保堂、梁新辉、汪洋、郝晓圆、宋凯)共同开展该项成矿构造与蚀变研究工作。主要完成七里坪金矿区地质修测、路线地质剖面、坑钻编录及样品采集工作。提交了成矿构造与蚀变研究资料。

(2)2013年5~8月,项目组汪江河、施强、冯绍平、田海涛等与中国地质大学(武汉)何谋惹副教授、胡新露博士、孟宇硕士以及代美铸、梁向阳两位本科生共同参与了该项目的野外实地调研工作。重点对上宫746、784、826三个中段及ZK0105、ZK1508、ZK3508、ZK3906四个钻孔进行了地质现象的观测记录,采集了必要的测试分析样品。其中采集金化学分析、主量元素分析、微量元素分析以及薄片鉴定等样品,基本能满足研究工作的需要,提交了专题研究报告。

(3)2013年9月至2015年6月,由项目组汪江河、冯绍平、梁新辉、张苏坤、汪洋等进行综合整理、综合研究及报告编写,由汪江河、刘耀文统一编撰定稿。完成的主要实物工作量见表1-1。

表 1-1 完成实物工作量情况

序号	工作内容	单位	设计工作量	中国地大完成工作量	石家庄完成工作量	地矿一院完成工作量	累计完成	完成比例(%)
1	1:1万地质修测	km²	27			27	27	100
2	成矿构造与蚀变剖面	条	6	6	3	3	12	200
3	钻探岩芯编录	m		4 578	90	9 100	13 786	
4	坑道编录	m			1 200	3 140	4 340	
5	矿石化学全分析	件	15			15	15	100

序号	工作内容	单位	设计工作量	中国地大完成工作量	石家庄完成工作量	地矿一院完成工作量	累计完成	完成比例（%）
6	化学基本分析	件	30	25		30	55	183
7	薄片鉴定	件	240	105	243		384	160
8	主量元素分析	件	—	38			38	
9	微量稀土元素分析	件	—	38		33	71	
10	绘制图件	幅		15	6		31	

1.5 本次研究取得的成果及认识

本次研究工作在吸收借鉴前人研究成果的基础上,在研究区开展了成矿构造与蚀变专题研究工作。通过野外地质调查、样品分析测试以及资料综合整理,查明了该矿床的成矿地质背景,总结了构造控矿规律,研究了成矿构造与蚀变及其与金矿化的关系。取得的主要成果及认识如下:

(1)上宫金矿床是豫西熊耳山地区典型的构造蚀变岩型金矿,以金矿化为主,矿体以脉状、透镜状、豆荚状为主,矿石结构主要为自形—他形晶粒状结构、交代结构、变形结构,矿石构造主要为浸染状构造、细脉-浸染状构造、角砾状构造、网脉状构造。成矿期可分为热液期和表生期,热液期由早至晚可划分为三个阶段:石英-(弱)黄铁矿阶段、石英-铁白云石-多金属硫化物阶段、石英-碳酸盐阶段。

(2)根据地质调查、显微镜下岩石和矿石的岩(矿)相学研究结果,系统论述了蚀变矿化特征。认为:矿区内近矿围岩蚀变类型主要有硅化、碳酸盐化、黄铁矿化、绢云母化、钾长石化、绿泥石化、赤铁矿化等。根据蚀变作用的先后关系,可分为成矿前期蚀变、成矿期蚀变和表生期蚀变。当围岩为熊耳群时,从断裂带中心往两边依次为含金硫化物-铁白云石-绢云母-石英带、弱(绿泥石)-绢云母-铁白云石化带、弱铁白云石-绿泥石化带,而赤铁矿化多叠加于弱(绿泥石)-绢云母-铁白云石化带和弱铁白云石-绿泥石化带上,局部地段可集中成带。当围岩为太华群时,从断裂构造带中央往外依次为含金硫化物-绢云母-石英带、弱绿泥石-绢云母-钾长石化-铁白云石化带、弱钾长石化-绿泥石化带。其中,与金矿化关系密切的蚀变主要有钾长石化、硅化、黄铁矿化、绢云母化。

上宫成矿带上北东端的七里坪金银矿矿石主要是碎裂石英脉型矿石,其主要金属矿物是闪锌矿、方铅矿、黄铁矿、黄铜矿,脉石矿物主要为石英,其次为绢云母、绿泥石和方解石,部分矿石中出现非常自形的石英。银的载体矿物主要是方铅矿,在方铅矿中可见乳滴状辉银矿,部分有出溶的叶片状硫银矿。而研究区内七里坪和上宫金矿区金的主要载体矿物是黄铁矿,微晶黄铁绢英岩化是金的主要成矿期。

(3)剖析了蚀变围岩地球化学特征,总结了蚀变过程中元素迁移规律,探讨了矿床成矿机制。认为成矿热液是一种来自深部携带亲硫元素(Au、Ag、Cu、Pb、Zn)、富硅(SiO_2)的碱性(K_2O)流体,在循环上升过程中,由于温度、压力、pH 值、氧逸度、硫逸度等发生变化,并与围岩(太华群、熊耳群)中构造带发生充填交代作用,使得矿质在有利的构造部位发生沉淀,形成金矿体。经对比研究发现,七里坪银矿与金矿蚀变作用有明显的不同,银矿主要是硅化、绢云母化和绿泥石化。银矿早期主要是 K_2O 的带入,其他氧化物主要表现为带出,成矿时主要为 SiO_2 和 FeO 的带入,其他氧化物主要表现为带出。银矿石中没有发育细粒黄铁矿,主要为富多金属硫化物矿物,成矿时断层主要表现为张性破碎后的硅化蚀变作用。所以,本区金的矿化与银多金属硫化物矿化应属于同一期成矿的不同阶段、不同的成矿作用,是金矿成矿以后单独的一次银多金属矿化。

(4)对矿田和金矿区(带)构造进行了较为详细的研究和分析,认为与成矿关系密切的北东向断裂先后经历了扭性—张性—压扭性活动,其中第一次为成矿前活动,第二次为成矿期活动,第三次为成矿后的活动。构造对成矿的控制作用表现在以下三个方面:①星星阴(康山)—上宫断裂及其次级断裂构成延深深度大、贯通性好的断裂密集带,为深源含金流体的上升提供了运移通道;②构造应力为成矿流体的运移提供了动力;③次级构造破碎带为矿液的聚集和矿体的定位提供了场所。在构造破碎强烈地段、断裂分支复合地段及断裂面凹凸转换部位有利于矿化富集。

(5)通过分析成矿地质背景、地质特征、控矿因素、矿体空间分布及成矿构造与蚀变规律,结合 F1 - Ⅰ矿带趋势面分析结果、矿体趋势预测及近期探矿成果,认为干树 66 线到上宫 43 线之间为深部找矿最有利地段。同时,应对 F1 断裂带的分支构造(Ⅴ号、WF1、F6)及外围的 F5、F8、F9 断裂也应予以重视,可加大勘查力度。

第2章 区域地质背景

本区位于华北地台南缘、华熊台隆、熊耳山隆断区,花山—龙脖背斜核部偏南翼,星星阴—上官成矿带北东部。区域出露主要地层有新太古界太华群、中元古界长城系熊耳群、官道口群及古近系、新近系等地层。区域构造以断裂为主;区域岩浆活动强烈,褶皱、断裂发育。侵入岩主要为燕山期,良好的成矿条件形成了本地区丰富的金矿资源,代表性的矿区主要有干树、虎沟、上官、七里坪等,金矿床(点)星罗棋布,成矿地质条件优越。

2.1 区域地层

2.1.1 新太古界太华群(Arth)

区内太华群(Arth)为一套古老变质岩系,位于大沟河—草沟—西施及杨河—七里坪一带,呈近东西向展布,构成花山—龙脖背斜核部,其平面形态为中间窄、两头宽的"哑铃"状。其西部被关上断裂所截,东端多被三官庙斑状含角闪黑云二长花岗岩侵蚀,南部被熊耳群呈角度不整合覆盖,北侧分别与熊耳群、第三系呈断层接触(见图2-1)。根据岩石组合特征,自下而上可划分成五个岩组:草沟黑云斜长片麻岩组、石板沟角闪斜长片麻岩组、龙潭沟黑云斜长片麻—变粒岩组、龙门店角闪斜长片麻岩组、段沟石榴黑云斜长片麻岩组,主要岩性由黑云斜长片麻岩、角闪斜长片麻岩、混合质角闪斜长片麻岩、斜长角闪片麻岩、斜长角闪岩、黑云母斜长变粒岩等组成。各岩组间均为整合接触渐变过渡关系。原岩为中基性、超镁铁质岩浆喷发岩及辉长岩侵入岩,厚度大于4 460.65 m。

2.1.2 中元古界长城系熊耳群(Pt_2xn)

区域内分布广泛,自下而上出露四个组,即许山组(Pt_2x)、鸡蛋坪组(Pt_2j)、马家河组(Pt_2m)和龙脖组(Pt_2l)。

1. 许山组(Pt_2x)

本组为一套中基性–中性熔岩,主要分布在区域南部的象君山—全宝山—巧女寨—上官—洛店沟脑—界岭一带,少部分布于洛宁山前大寨顶崇阳沟—大碉沟—通天沟一带。

岩性组合为灰绿色块状玄武安山岩、玄武安山岩、安山岩、杏仁状安山岩夹斑状安山岩。厚度大于1 082.97 m。

2. 鸡蛋坪组(Pt_2j)

本组分布在区域南部前村—罗圈岩—盘龙山一带。岩性组合为一套以中酸性、酸性熔岩为主夹中性熔岩及火山碎屑岩的岩石组合,喷发整合于许山组之上。

主要岩性为灰—深灰、紫红色英安质流纹岩、英安斑岩流纹斑岩及灰紫色流纹质岩、安山岩及斑状安山岩。厚度大于1 762.6 m。

3. 马家河组(Pt$_2$m)

本组主要分布在三不管疙瘩—陈家沟顶—坡前街—六只角一带。本组火山岩以中性熔岩为主,夹多层凝灰岩,与下伏鸡蛋坪组呈喷发整合接触。

岩性组合主要为灰绿色杏仁状安山岩、安山岩夹多层紫红色凝灰岩及少量的斑状安山岩、长石石英砂岩、灰绿色杏仁状安山岩、安山岩夹紫红色粗安斑岩,偶见石英砂岩透镜体夹于安山岩中。厚度大于1 328 m。

4. 龙脖组(Pt$_2$l)

该组岩性为一套由酸性到中性的熔岩组合,其间夹紫红色凝灰岩、凝灰质板岩及碳酸盐岩透镜体。在区域南部陈家沟顶—水磨地一带和马超营大断裂带南侧呈小面积零星分布。

岩性组合主要为紫红、紫灰色流纹斑岩夹薄层安山岩、凝灰岩、粉砂岩及泥灰岩、鲕状灰岩和大理岩透镜体,灰绿、暗灰色安山岩、杏仁状安山岩、辉石玄武岩、安山岩夹薄层灰岩透镜体,局部见枕状安山岩及次火山粗安山玢岩。厚度大于824 m。

2.1.3 中元古界蓟县系官道口群(Pt$_2$gd)

区域内仅出露高山河组(Pt$_2$g)和龙家园组(Pt$_2$lj)。

1. 高山河组(Pt$_2$g)

本组出露于区域内南东部坡前街南—羊角沟门—高坡岭脊一带,为一套滨海-浅海相沉积的石英砂岩,含钙质结核泥钙质板岩,夹火山喷发沉积的粗安岩薄层泥灰岩,局部夹薄层状灰岩。根据岩性组合,自下而上分为下、中、上三个岩性段:下段为一套白—灰白色或浅肉红色中厚层状变石英砂岩;中段为灰绿色块状粗安岩,底部具薄层状浅紫红色沉凝灰岩;上段为灰紫色薄层状含钙质结核的泥钙质斑岩与灰白色薄层—中厚层状中细粒石英砂岩互层,夹灰白色薄层灰岩及石英粗砂岩。厚度大于247 m。

2. 龙家园组(Pt$_2$lj)

该组岩性只在核桃树以北阳庄和区域西南角马跑泉一带呈带状分布。为一套含叠层石镁质碳酸盐岩沉积建造,岩性单调,主要为隐晶质细-微粒结晶白云岩,白云石高达95%以上,发育硅质条纹,部分发育细硅质条带及硅质团块,以普遍含波状及半球状叠层石为特征,为潮下-潮间沉积环境。局部可见干裂构造和石盐假晶以及帐篷构造,说明当时为干旱气候的潮坪环境。

2.1.4 古近系(E)

主要分布于洛宁断陷盆地南侧,即关上—崇阳—兴华—西山底—东山底一带,西南角分布在秋扒新生代断陷盆地中,本区仅出露高峪沟组(E$_2$g)和潭头组(E$_2$t)二个组。

1. 高峪沟组(E$_2$g)

该组在秋扒断陷盆地呈带状分布。岩性为一套紫红色厚层状砂质黏土层,呈角度不整合覆盖于中元古界地层之上。厚度大于780 m。

2. 潭头组(E$_2$t)

该组在区域内西北部洛宁断陷盆地南侧出露。岩性主要为厚层状砂质砾岩与泥灰岩互层,夹深灰、黑灰色薄层状、透镜状灰质黏土岩及有机质黏土岩薄层和透镜体,夹油页岩及煤线。

2.1.5 新近系洛阳组(N_1l)

主要在区域北部东山底东西沟谷旁零星出露。岩性主要为青灰、灰黄色中厚层状砂砾岩夹薄层泥粗砂及红色砂质黏土层;灰青灰色中—厚层状含钙质结核砂质黏土岩;紫红色砂质黏土岩夹灰白色砂砾岩。

2.1.6 第四系(Q)

出露在区域西北部,主要分布于沟谷及洛河两岸。

主要为土黄、灰黄色黄土层夹粗砂层,河漫滩冲积的砂砾石层。

2.2 区域构造

2.2.1 褶皱

1. 基底褶皱

区内基底褶皱按其变形特征分为两类:早期近东西向的倒转 - 平卧褶皱和晚期近南北向的大型开阔的倾伏背形构造、向形构造及弧形褶皱束。

(1)近东西向倒转 - 平卧褶皱。这种褶皱构造是从太华群片麻岩中仅存的零星"残留体"——各种小型褶皱识别的。这类小褶皱属太古代早期强烈褶皱变形的产物。早期小褶皱的轴面片理置换了地层层理,而晚期的小褶皱的轴面片理又对早期的轴面片理加以改造使其成为目前的片麻理,这种小褶皱至少经历了三次构造变形。

(2)近南北向倾伏背形构造、向形构造及弧形褶皱束。在平面上具有一定的规模,而且是太华群的主要宏观褶皱形迹。由西向东依次平行排列为:草沟倾伏背形构造、瓦庙河倾伏向形构造、庙沟崖 - 五龙沟同斜倒转背形构造、七里坪弧形褶皱束。见图2-1。

2. 盖层褶皱构造

由熊耳群盖层组成一级褶皱,即横贯全区的花山—龙脖背斜,它控制了区内熊耳群的分布及产状。背斜轴走向呈北东东向,与核部太华群的展布方向一致。两翼均为熊耳群火山岩系,北翼被洛宁山前断裂切割出露面积较小,南翼广布于熊耳山南坡。北翼基本向北倾斜,倾角40°~50°,南翼向南及南东方向倾斜,倾角30°~40°。

2.2.2 断裂构造

区域上不同性质、不同方向、不同规模的断裂较发育,按主要断裂展布方向,可分为北西西向、近东西向、北东向、北北东向或近南北向、北西向五组断裂。具体断裂的特点见表2-1。

1. 北西西向断裂

以洛宁山前断裂为典型代表阐述之。洛宁山前断裂是本区时代最新、规模最大的一条北西西向大断裂,为洛宁凹陷盆地与熊耳山隆断区分界线,在区内出露长度大于70 km,宽度数米至百余米,总体走向北东70°,北倾,倾角45°~70°,局部走向东西。整个断裂呈折线追踪形态和东段出现规模较大的角砾岩带,反映了其脆性变形的特点。在东山底至东南村

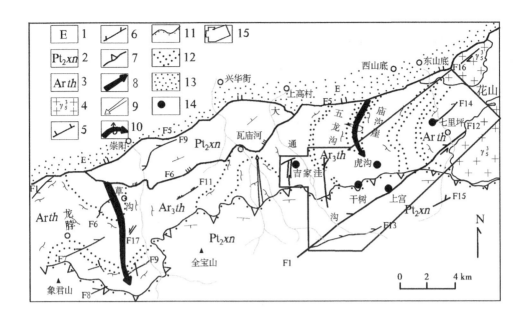

1—古近系;2—元古代熊耳群;3—太古代太华群;4—张性正断层;5—拆离断层;6—张扭性平推断层;7—倾伏背
形构造轴部箭头指向倾伏端;8—倾伏向形构造槽部箭头指向扬起端;9—倒转倾伏背形构造;10—角度不整合;
11—太华群岩组界线;12—新生界断陷盆地;13—燕山期花岗岩;14—金矿床(点);15—工作区

图 2-1　区域地质构造纲要图

一带,沿断裂破碎带分布一层厚3~15 m的硅化带,硅化强烈处有晚期石英细脉穿插及弱黄铁矿化现象,并有含金石英脉和同期金矿化。该断裂控制并切割了上白垩统—古近系红层,并切割了燕山晚期金山庙花岗岩(105 Ma),其本身又为新近系和第四系覆盖,说明该断裂活动时期应为晚燕山—早喜山期。

2. 近东西向断裂

区内广泛分布,规模大,延伸远。空间分布上自北向南逐渐加密,在马超营断裂以南密集成带,且活动具多期转换,多数被后期岩脉充填。以马超营断裂为典型代表阐述如下。

马超营断裂带西起陕西洛南,经西门延入河南省,经卢氏、马超营通过本区。区内出露长40 km,断裂带总体走向270°~300°,主断裂面以南倾为主,个别地段北倾,倾角较陡,一般为50°~85°。走向上呈舒缓波状,切割区内太华群及熊耳群所有地层,具多期活动特点,表现为强烈的挤压片理化角砾岩带。该断裂带是华北陆块南缘的边缘大断裂之一,为华北陆块南缘两个二级构造单元的分界断裂,该断裂带的存在及演化对区域矿产的形成及宏观分布具有控制作用。

该断裂带主要经历了压—张—扭(压)—压扭等四次构造活动,其中第三期扭兼压性活动明显与燕山期热液活动及矿化蚀变有关,为区域成矿的导矿构造。

3. 北东向断裂

区域北东向断裂比较发育,为本区以金为主多金属矿产的重要的控矿构造。主要有康山—上宫大断裂、焦园断裂和旧县—下蛮峪断裂带,其特征分述如下:

(1)康山—上宫大断裂。南自康山星星阴,向北东经花园、山草湖、罗圈岩、青岗坪、西干树洼、东干树洼、刁崖碉、金碉沟至王玉沟脑、七里坪,区内长度约32 km,总体走向北东

表 2-1 区域断裂特征一览表

	编号	断裂带名称	规模及产状				结构面及构造岩石特征	力学性质	矿化蚀变及侵入岩类型
			长度(km)	宽度(m)	走向	倾向倾角			
北西西向—近东西向	F1	洛宁山前大断裂	>70	30~125	北西西向	NE局部SW ∠60°~80°	具早期活动压性片理、晚期碎裂岩化和硅化带	压扭性	硅化强烈、黄铜、黄铁矿化
	F2	马店—瓦庙河断裂	>14	30~50	北西西向	340°~10° ∠30°±	具挤压片理带、透镜体、糜棱岩,局部有角砾岩	以压性为主	褐铁矿化、石英脉、花岗细晶岩化
	F11	大麻园断裂	2	10左右	近E—W	333°∠55°	具挤压片理、透镜体、挤压、破碎带	以压性为主	褐铁矿化、硅化、石化、高岭土化
北东向	F13	通天沟—亢家村断裂	6	>10	80°	350°∠50°	断层角砾岩、糜棱岩	压扭性	褐铁矿化、硅化
	F12	金洞沟大断裂	32	10~280	45°~70°	NW ∠50°~75°	断面陡而平直,挤压片理、断层角砾岩、糜棱岩发育	以压扭性为主	碳酸盐化、硅化发育、金、银矿化
	F10	圪丁沟断裂	2.5	10~50	65°	325° ∠45°	具角砾岩、碎裂岩、片理化带	张(压)扭性	黄铜、黄铁矿化、石英脉
近南北向	F14	南葛老沟断裂	1.2	3~4	50°	直立	碎裂岩、角砾岩,断面呈波状	张扭性	方铅矿化、褐铁矿化、硅化
	F17	固始沟断裂	2	30~60	NNE	NW ∠35°~85°	断层角砾岩发育,具擦痕和磨光面	张扭性为主	铅银矿化
	F9	焦树坪断裂	4	>5	NNE	270°~320° ∠35°~84°	具磨光面、角砾岩、断层泥	张扭性为主	
	F4	崮垛岭断裂	3.5	>50	NNE 25°	直立	断裂平直,碎裂岩发育	张扭性为主	黄铜、方铅矿化、石英脉
	F6	大沟河—草断裂	2.5	40~50	NNE 25°	直立	断面平直,具水平擦痕,碎裂岩发育	张扭性为主	方铅矿化、石英脉

$45°\sim70°$,倾向北西,倾角$50°\sim75°$。地貌呈负地形,断裂切割地层为熊耳群及太华群。断层带宽$20\sim30$ m,局部达280 m,沿走向及倾向均显示舒缓波状。带内岩石强烈破碎,由碎裂岩、断裂角砾岩、构造透镜体、挤压片理糜棱岩、断层泥等组成。断层性质主要表现为扭性、张性、压扭性构造活动的多次叠加改造,断裂热液活动发育,主要有硅化、碳酸盐化、褐铁矿化、绢云母化、绢英岩化等,蚀变强烈处可见金、银、铅、铜等多金属硫化物矿化现象,并有网脉状、透镜状石英脉贯入。该断裂控制着上宫、干树、康山等金矿床的分布。

（2）焦园断裂。在区内仅出露断裂西半部,区内出露长大于17 km。分布于元岭—水磨地—六只角一带。断裂走向$50°\sim85°$,倾向北西,倾角$50°\sim80°$,沿断裂走向、倾向均呈舒缓波状,局部显示膨胀狭缩及分支复合特征。断裂带宽一般为数米至百余米不等。由压性角砾岩、糜棱岩、碎裂岩及构造岩透镜体组成。断裂多期活动特征明显,后期普遍发育一系列与主断裂带大致平行的一组压扭性断面,陡而平直。断裂带内矿化热液活动强烈,主要有硅化、碳酸盐化及绢云母化等。金属硫化物蚀变甚强。主要有金、银、黄铁矿、铅及黄铜矿等。

4.北北东向或近南北向断裂

区内该组断裂不甚发育,规模一般较小,长$4.5\sim6.5$ km,走向$10°\sim20°$,分布在马超营断裂带北侧王练沟和六只角沟门等地,具多期活动特点,经历了扭-压扭两期构造活动。从其对燕山期酸性岩脉的控制判断,其活动时间应为燕山期。

5.北西向断裂

该组断裂主要分布在熊耳山南坡坡前街南龙王撞和北沟一带,规模较小,数量也少,一般长$1\sim4$ km,走向$330°\sim350°$,倾向北东,倾角中等—陡倾斜。断裂带由碎裂岩、蚀变岩及角砾岩组成,多呈压扭性特征,也是主要含矿构造之一。

2.3　岩浆岩

本区岩浆活动相当频繁和强烈,从超镁铁质岩、基性岩、中性岩到酸性岩均有出露,活动方式多样,既有岩浆侵入,又有火山喷发。根据区内岩浆活动的规律性,划分为三个构造岩浆旋回。

2.3.1　太古代构造岩浆旋回

太古代岩浆活动在本区主要表现为中基性岩浆喷发及超镁铁质岩、辉长岩侵入等。分布面积约700 km^2,占区域总面积的49%。经区域变质及混合岩化作用,形成了一系列的正变质岩类、混合岩类,它们构成了太华岩群的主体。辉长侵入岩经区域变质成为变辉长岩,主要分布于该区西北和东北部,一般规模较小,多呈圆形、椭圆形,岩体主要呈顺层侵入,局部斜切层理,基本方向与区域构造线方向一致,岩体产状主要为岩床、岩株。侵入活动主要发生在晚太古代。

2.3.2　元古代构造岩浆旋回

本区主要表现为火山喷发岩,其中熊耳期火山岩是本区最主要的地质单元,分布面积约225 km^2,占区域总面积的18.75%。为一套以玄武安山岩–安山岩–英安质流纹岩为组合的火山岩系。岩石种类繁多，按成因可分为火山熔岩和火山碎屑岩类，其单元划分见地层部分。

（1）潜火山岩。产出形态多呈岩脉、岩床及岩枝分布于熊耳群火山岩系及接近熊耳群底部的太华群变质岩系之中。由于潜火山岩与火山岩具同源性，岩石成分及结构、构造有时几乎完全一致。岩石类型有英安斑岩、斑状安山岩、安山玢岩、粗面斑岩等几种类型。

（2）浅成侵入岩。辉绿岩及辉绿玢岩主要侵入于太华群中，其规模大小不等，大者长千余米，宽数十米；小者长数十米，宽数十厘米。它们主要沿北东及北西向断裂构造侵入，产出形态呈岩（墙）脉状，倾角50°~70°，个别近于直立。

（3）闪长岩－闪长玢岩－石英闪长岩。产出主要受北西西—北西向，次为北东东—北东向及近东西向的断裂构造控制。大部分侵入于太华群及太华群与熊耳群不整合面附近。

2.3.3 中生代构造岩浆旋回

突出表现为燕山期酸性岩浆的侵入活动。燕山期侵入岩主要出露于熊耳山地区的花山地区。岩性主要为中酸性花岗岩类，多呈岩基、岩脉产出，为中深成相和浅成相。主要岩体有北东部的花山岩体和金山庙岩体。

花山岩体（γ_5^3）岩性为斑状含角闪黑云二长花岗岩。在区域北东部的出溜沟脑—乌春山等地大面积出露。区内出露面积27.73 km^2，占区域总面积的2.3%。以岩基形式产出。

岩体与熊耳群地层呈侵入接触关系，接触面呈港湾状，普遍内倾，倾角一般在60°~80°。与太华群片麻岩亦呈侵入接触，接触面较平直，总体向外倾，倾角50°~70°。岩体岩性主要为斑状含角闪黑云二长花岗岩。岩石呈灰白－肉红色，似斑状结构，块状构造，边缘可见斑杂构造。岩石由斑晶和基质两部分构成。

区域研究成果表明，燕山期岩浆活动与区域金、钼等金属矿产的形成有十分密切的成生关系。

2.4 区域变质作用

以区域性变质作用为主，其他类型变质作用相对微弱。区域变质作用的特点是区域性变质相带与区域性构造线延伸方向一致，与地层单元吻合，即以区域深断裂为界，不同地质时代的地层其变质系统自成一体。熊耳群经受了绿片岩相或低绿片岩相（黑云母—阳起石带或黑云母带）的变质。太华群普遍经受了角闪岩相（铁铝榴石和硅线石带）变质。造成太华岩群岩石普遍变质，形成区内广泛分布的太华岩群中深变质岩系。其岩石类型主要有角闪斜长片麻岩、斜长角闪片麻岩、黑云斜长片麻岩、斜长角闪岩、浅粒岩等。

除区域性变质外，还有混合岩化作用、动力变质作用、接触变质作用、气液蚀变作用。混合岩化主要表现为注入式和渗透交代两种，通常形成各种混合质变质岩、条带状混合岩、均质混合岩、混合花岗岩等。

动力变质作用主要发生于断裂构造带内及两侧，表现为断裂构造带内及两侧岩石的变形、破碎及重结晶。主要包括挤压片理化、碎裂岩化等。动力变质作用形成的变质岩主要有碎裂岩、构造角砾岩、构造泥砾岩、糜棱岩等。

区内围岩因受花山花岗质岩浆侵入的影响，形成了一定规模的热力变质岩及接触交代变质岩。热力变质岩常具条带状、块状构造,且原岩的结构、构造常常得以保留;接触交代变质岩一般矿物结晶颗粒较粗,呈块状构造,其变质作用影响的范围局限于岩体的周围,直径达 1 km 左右,可分内部相(硅灰石、透辉石为代表)和外部相(以阳起石、透闪石为代表),相当于钙长 – 绿帘石角岩相。

2.5 区域地球化学特征

通过区域元素分布特征研究表明,太华群基底和中元古界熊耳群盖层及燕山期花岗岩具有明显不同的地球化学本底。太华群基底以富 Au、Ag、Cr、Pb 为特征;熊耳群盖层以富集 Co、Ni、As、Mn 为特征;燕山期花岗岩除有 Au、Pb 背景外,Cu、As、Cr、Co、Ni、Mn 均呈低值背景分布。其中1:5万水系沉积物测量在上宫附近圈出 6 号甲级异常,异常面积 23.5 km^2。该异常形态规整,以 Au、Ag 为主,含量特高,规模很大,浓度梯度变化明显,且有浓集中心。异常内分布有已知上宫大型金矿床以及七里坪、干树、虎沟中型金矿床。现对上宫 6 号水系甲级异常特征简述如下:

上宫 6 号(甲)异常中心坐标 X 3 785 150,Y 37 553 550,异常面积 23.5 km^2,主要元素为 Au、Ag、Pb、Zn,其中 Au、Ag 可分别圈出 1、2、3 级异常。Pb 可圈出 1、2 级异常,Zn 可圈出 1 级异常。Au 的平均值为 0.079 9 × 10^{-6},衬度 8;Ag 的平均值为 3 × 10^{-6},衬度 5;Pb 的平均值为 157 × 10^{-6},衬度 1.6;Zn 的平均值为 137 × 10^{-6},衬度 1.4。该异常形态规整,以 Au、Ag 为主,含量特高,规模很大,浓度梯度变化明显,伴生 Pb、Zn 组合复杂,整合良好,且有浓集中心。As 为中低温阶段 Au 的上部重要指示元素。

洛宁县上宫金矿区域地质矿产及化探异常分布如图 2-2 所示。

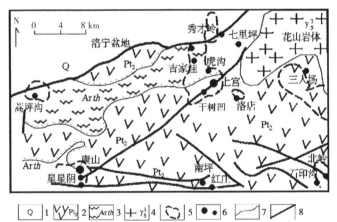

1—新近系;2—中元古界官道口群、熊耳群;3—太古宇太华岩群;4—燕山期花岗岩;
5—1:5万金异常分布范围;6—金矿床(点);7—不整合界线;8—构造

图 2-2 洛宁县上宫金矿区域地质矿产及化探异常分布

2.6 区域地球物理特征

本区开展了1:5万面积性磁测工作。地磁特征反映火山岩多具磁性且变化甚大,太华群混合岩及各类片麻岩多不具磁性或为弱磁性。幅值100～200 r。区域1:5万的放射性伽马测量,太华群及混合岩普遍较熊耳群火山强度要高,而太华群中混合岩又较片麻岩高些。岩浆岩从老到新由超基性岩到酸性、碱性,强度变化由低到高。异常强度低,范围小,且多为点状,属无价值的放射性异常。

2.7 区域矿产分布规律

熊耳山地区矿产资源丰富,除产出金、银、铅、钼、锌、铜、铁、钛、钴、铀等金属和放射性矿产外,尚有蛇纹石、萤石、硫铁矿、水晶、重晶石等非金属矿产产出,目前已发现或探明的矿床、矿化点多达百余处,其分布有如下特点:

(1)金矿,主要为构造蚀变岩型。目前已发现上宫金矿、干树凹金矿、虎沟金矿、吉家洼金矿等大、中、小型金矿近10处,它们位于背斜两翼分布的北东向、近南北向及近东西向的以压扭性为主的断裂构造带中。

(2)铅银,区内铅、银矿点星罗棋布,铅银矿密切共生,已知固始沟大型银(铅)矿、草沟小型铅(银)矿和众多铅银矿(化)点。均集中分布于花山—龙脖背斜核部的南西端太华群和熊耳群地层中。

(3)铜矿(化)点,集中分布于区域北西部,已知冯家湾铜矿床(点)是受北东向小型断裂控制,规模小。

(4)铁矿,主要为矿点,有沉积变质型、岩浆型及热液型等类型。规模小、品位低,无工业价值,例如槐树岭铁矿点、小池沟铁矿点。

(5)钴矿,秀才岭钴矿为本区唯一小型钴矿床,位于太华岩群中,规模小,品位变化大,工业意义不大。

此外,尚见铬铁矿化蛇纹岩矿和萤石矿等,规模小,品位低,无工业价值。

第3章 矿区地质特征

矿区位于洛宁南部熊耳山多金属成矿带的中北部,地处龙脖—花山背斜东段轴部偏南翼,康山—上宫大断裂北东端,即花山岩体外接触带与康山—上宫断裂交会部。工作区面积为 27.356 3 km^2(扣除洛宁县南王玉沟金矿详查区)。出露地层为新太古界太华群变质岩系、中元古界长城系熊耳群火山岩系。区内岩浆活动频繁,断裂构造发育,形成了以金为主的多种矿产。

3.1 地 层

矿区出露地层主要为新太古界太华群($Arth$)和中元古界熊耳群(Pt_2xn)及零星分布第四系(Q_4)。

3.1.1 新太古界太华群($Arth$)

矿区仅出露新太古界太华群石板沟岩组(Ar_3sh),位于基底太华群古老变质岩系中下部。

石板沟岩组($Arsh$)分布于矿区的中北部,区内出露面积达 13 km^2。主要岩性为角闪斜长片麻岩、斜长角闪片麻岩、斜长角闪岩、黑云斜长片麻岩、浅粒岩、混合岩夹少量角闪岩、透辉角闪石岩、蚀变辉杆岩、滑石岩等。岩石片麻理产状与本区地层产状基本一致,倾向南西西,倾角24°~71°。区内出露厚度大于 212 m。为区内主要赋矿层位。与上覆龙潭沟岩组呈整合接触,与熊耳群呈角度不整合接触(或为断层接触,但在接触面上可见构造碎裂岩、矿化蚀变岩)。

区内太华岩群岩性为角闪斜长片麻岩、斜长角闪片麻岩、黑云斜长片麻岩、斜长角闪岩、浅粒岩等。

3.1.2 中元古界熊耳群(Pt_2xn)

熊耳群(Pt_2xn)分布在矿区南部,总体呈东西向展布,倾向 165°~210°,倾角 27°~44°。按岩性及岩石组合特征划分为以中性、中基性火山喷发岩为主的许山组(Pt_2x)及以酸性火山喷发岩为主的鸡蛋坪组(Pt_2j)。

1.许山组(Pt_2x)

在矿区南部分布,出露面积约 12.2 km^2。根据岩性组合特征分为上、下两段。区内许山组出露厚度大于 2 375 m。

下段(Pt_2x^1)分布在矿区南部,呈近东北西向带状展布。主要岩性有安山岩、杏仁状安山岩,夹疏斑状安山岩。岩石呈深绿色、灰黑色,具隐晶质结构、斑状结构,块状构造、杏仁状构造。斜长石斑晶一般呈自形—半自形板柱状、长条状产出,含量 5%~15%,一般 10% 左右,大小 0.6 mm×4 mm~7 mm×30 mm;角闪石斑晶呈板柱状半自形晶产出,大小 0.5 mm×1.2 mm~2 mm×4 mm,含量 5%~10%,普遍发生次闪石化、绿泥石化蚀变。基质为隐晶质,镜下见变余安山结构,普遍发生钠黝帘石化、绢云母化蚀变,基质部分为脱玻质,主要成分有细条状斜长石(20%~50%)、绿泥石化、次闪石化角闪石(20%~40%)、绿泥石化、次闪石化辉石(2%~10%)及少量黑云母(1%~5%)。副矿物为磷灰石、磁铁矿、白钛石、榍石等。

上段广泛分布于矿区南部。下部为灰绿色杏仁状安山岩、安山岩夹薄层多(大)斑安山岩,局部夹透镜状斑状安山岩,透镜体长 800~1 400 m,宽 20~124 m。杏仁含量为 7%~25%,成分以石英、钾长石为主,多呈不规则状及蝌蚪状,略具定向排列。安山岩呈灰绿色,具隐晶质结构,块状构造。夹层斑状安山岩中有大小不一的斜长石斑晶分布,含量 5%~23% 不等,大小为 0.6 mm×2.7 mm~3 mm×21 mm。

上部为深灰—灰绿色杏仁状安山岩、安山岩互层产出,间夹 1~2 层紫红色凝灰岩,局部夹次火山相流纹(斑)岩及斑状安山岩。玻晶交织结构,脱玻玻基结构,部分为斑状结构,块状、杏仁状构造。杏仁含量为 7%~20%,杏仁成分为石英、绿泥石、钾长石、方解石等。杏仁形态单一,呈圆形或浑圆状,直径 0.7~9 mm。岩石普遍发生钠黝帘石化,部分为脱玻质,主要成分有细条状斜长石(5%~30%)、绿泥石化、次闪石化角闪石(10%~30%)、绿泥石化及少量黑云母(1%~5%)。副矿物为:磷灰石、磁铁矿、榍石等。夹层凝灰岩为紫红色薄层状,尘屑结构,主要矿物成分为火山灰、火山尘,有零星长石、石英晶屑分布,粒径 0.1~1 mm,镜下长英质矿物占 85%~90%,铁质矿物占 10%~15%。

本类岩石化学成分:SiO_2 49.76%,Fe_2O_3 10.02%,TiO_2 1.16%,Al_2O_3 16.59%,CaO 5.01%,MgO 4.11%,K_2O 6.64%,Na_2O 0.71%,MnO_2 0.17%,P_2O_5 0.05%,K_2O/Na_2O 值为 39.06%。属钙碱性系列。

2.鸡蛋坪组(Pt_2j)

分布于矿区南部边缘,区内出露面积约 0.08 km²,为鸡蛋坪组下段岩性。与下伏许山组(Pt_2x)呈喷发整合接触关系。区内鸡蛋坪组出露厚度仅为 33 m。

该组岩性为紫红—紫灰色英安岩、英安质流纹岩和英安斑岩。岩石具斑状结构,块状构造、流纹构造,局部见杏仁状构造。斑晶矿物成分以钾长石、斜长石为主,次为石英。钾长石斑晶含量 5%~10%,呈浅肉红色半自形—自形晶,大小 0.4 mm×0.6 mm~2.0 mm×2.8 mm,板柱状;斜长石斑晶多在英安斑岩中分布,含量为 8%~15%,为半自形—自形晶,大小 0.6 mm×1.8 mm~2 mm×10mm,呈灰白色长条状;石英则多呈烟灰色浑圆粒状或他形粒状,斑晶含量较少,粒径小于 1 mm。基质为长英质(钾长石和石英),隐晶质结构、球粒结构。地表风化后,次生矿物有绢云母、高岭石、方解石、云母类和褐铁矿等。

本类岩石化学成分:SiO_2 70.53%,Fe_2O_3 5.38%,TiO_2 0.59%,Al_2O_3 14.69%,CaO 1.85%,MgO 4.85%,K_2O+Na_2O 值为 0.50%。属钙碱性系列。

3.1.3 第四系(Q_4)

区内第四系分布局限,沿沟谷及低凹地带分布,尚未成岩固结。根据物质成分划分为第四系全新统。

全新统(Q_4)分布于勘查区的沟谷及平缓坡地,主要为残坡积物及沿水系沉积的松散的砂、砾石及亚砂土、黏土等,厚0~12 m。

3.2 构 造

研究区内褶皱、断裂构造较发育。该区经历了多期次、不同方向的构造应力作用,形成复杂的构造形迹,共发现规模不等的断裂达25条,其中规模较大的有20条。按其展布方向分为北东向、近南北向、近东西向三组(见图3-1)。其中,北东向和近东西向为区内主要含矿断裂。

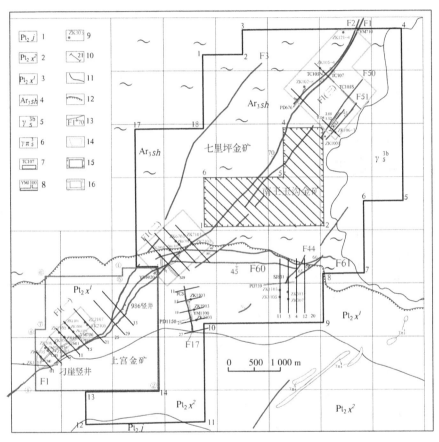

1—鸡蛋坪组;2—许山组上段;3—许山组下段;4—石板沟岩组;5—斑状含角闪二长花岗岩;6—花岗斑岩;
7—探槽及编号;8—坑道及编号;9—钻孔及编号;10—勘探线及编号;11—地质界线;12—不整合界线;
13—含矿构造蚀变带及编号;14—找矿预测区;15—七里坪矿区范围;16—上宫矿区范围

图 3-1 矿区地质构造简图

3.2.1 褶皱

位于龙脖—花山背斜东段的南翼近轴部,次级为七里坪弧形褶皱束,该褶皱束为本区地层的展布方向。核部为晚太古代太华群,南翼由盖层熊耳群组成,层序完整,地层倾向170°~

195°,倾角30°~50°,总体产状179°∠40°。

3.2.2 断裂

前已述及,区内断裂构造发育,根据断裂走向及力学性质,可划分为3组。具体构造特征详述如下。

1. 北东向断裂

区内北东向断裂比较发育,已发现规模不等断裂有F1、F2、F3、F4、F5、F7、F8、F9、F12、F13、F14、F15、F16、F18、F20、F21、F50、F51等18条。该组断裂走向规模不等,走向长250~6250 m,宽一般0.7~5.4 m。其中规模最大者为F1(星星阴—上宫断裂),次为F50。F1总长为32 km,区内出露长度约6250 m,倾向北西,西段倾向320°~340°,东段倾向305°~315°,局部为110°~135°,倾角为43°~86°,一般大于60°,断裂出露宽度0.2~8.6 m,一般1.0~3.5 m。属区域性控矿断裂,带内发育石英钾长蚀变岩、碎裂岩、角砾岩、石英脉等,沿顶底板常有石英脉断续分布。该断裂具多期活动的特点,其力学性质以压、扭性为主,兼有张性,蚀变主要为钾长石化、硅化,次为绢云母化、青盘岩化、碳酸盐化、绿泥石化等。金属矿化主要为黄铁矿化、褐铁矿化,次为方铅矿化、镜铁矿化、黄铜矿化等。本次根据不同的找矿预测区,将F1断裂分为F1(一)、F1(二)、F1(三)等三段开展工作。前期不同阶段的勘查成果表明,F1(一)段构造蚀变带发育,自东南向西北依次由Ⅰ、Ⅱ、Ⅲ、Ⅳ、Ⅴ、Ⅵ等6条次级含金构造蚀变岩带组成,赋存金矿体规模较大,金品位一般为$(2~5)×10^{-6}$,个别达$15.48×10^{-6}$。为矿区主要控矿断裂。

F50断裂分布在七里坪矿区,是另一条较重要的北东向断裂。该断裂出露长度约1350 m,宽度0.5~4.8 m,倾向130°~140°,倾角50°~60°,平均55°。目前未发现有价值的工业矿体。其他规模较小断裂构造与F50类同,地表仅见零星金矿化,金品位普遍较低。

2. 近南北向断裂

F17矿脉位于七里坪矿区西南部,长约470 m,宽0.8~3.8 m,走向352°,倾向东,倾角70°~80°。带内岩性主要为蚀变碎裂岩,蚀变有硅化、绢云母化、绿泥石化、碳酸盐化等,金属矿化有黄铁矿化、褐铁矿化,局部见方铅矿化。矿山企业在民采坑道的基础上施工坑道工程,发现了工业矿体。

3. 近东西向断裂

主要有F60和F61两条,呈近东西向平行分布,二者相距100~170 m,其地质特征基本相同。现以F60为代表阐述之。

F60位于七里坪矿区南部,出露长度约1320 m,宽0.1~2.0 m,走向75°~110°,倾向南,倾角38°~42°。带内岩性主要为方铅矿化蚀变碎裂岩、黄铁矿化硅化碎裂岩。蚀变有硅化、绢云母化、绿泥石化、绿帘石化、碳酸盐化等。金属矿化有黄铁矿化、褐铁矿化、方铅矿化等。该构造带地表金、银矿化较好,矿化较均匀,银品位最高达$6000×10^{-6}$,单样金品位最高达$8.9×10^{-6}$。

上述断裂构造特征详见表3-1。

表 3-1　断裂特征一览表

断层编号	位置	规模(m)		产状(°)			结构面及构造岩	力学性质	矿化蚀变
		长度	宽度	走向	倾向	倾角			
F1(一)	五龙沟—下宫村南	2 771	0.2~8.6	北东向	110~340	43~86	具分枝复合,发育碎裂岩,蚀变岩,石英脉,局部见角砾岩,断层泥砾岩,糜棱岩	压性－张性－压扭性	硅化、钠长石化、碳酸盐化、绢云母化、黄铁矿化、褐铁矿化
F1(二)	下宫村南—水硐沟	1 650	0.2~4.2	北东向	318~342	53~85	发育碎裂岩,蚀变岩,角砾岩,糜棱岩及石英脉	压性－张性－压扭性	硅化、绢云母化、碳酸盐化、褐铁矿化、方铅矿化
F1(三)	瓦房沟—拾马岭	1 459	0.3~5.7	北东向	291~323	48~84	发育碎裂岩,蚀变岩	压性－张性－压扭性	硅化、绢云母化、高岭土化、褐铁矿化
F17	乱柴沟脑山梁	590	0.8~3.8	近南北向	78~86	70~81	发育碎裂岩,蚀变岩	压性－张扭性	硅化、绢云母化、碳酸盐化、黄铁矿化、褐铁矿化
F50	北六沟东山坡	741	0.5~4.8	北东向	130~140	50~60	发育碎裂岩,蚀变岩	张扭性	硅化、绢云母化、绿泥石化、高岭土化、褐铁矿化、黄铁矿
F51	南六沟	831	0.15~3.7	北东向	303~312	46~81	发育碎裂岩	张扭性	硅化、绢云母化、绿泥石化、高岭土化、褐铁矿化、黄铁矿
F60	洛店沟—乱柴沟	2 927	0.1~1.0	近东西向	165~200	38~43	发育碎裂岩	压扭性	硅化、绢云母化、绿泥石化、黄铁矿化、铝银矿化

续表 3-1

断层编号	位置	规模（m）		产状（°）			结构面及构造岩	力学性质	矿化蚀变
		长度	宽度	走向	倾向	倾角			
F61	洛店沟—乱柴沟	1 389	0.15~2.2	近东西向	180~199	39~52	发育碎裂岩、蚀变岩	压扭性	硅化、绢云母化、绿泥石化、褐铁矿化、黄铁矿化
F2	瓦房沟—拾马岭	1 766	0.1~2.0	北东向	294~319	56~86	发育碎裂岩、局部见糜棱岩	压性－张扭性	弱硅化、碳酸盐化、绢云母化、褐铁矿化
F3	刺棱沟西山梁	529	0.75~2.3	北东向	290~317	50~74	发育碎裂岩、蚀变岩	张性－压扭性	硅化、绢云母化、碳酸盐化、黄铁矿、褐铁矿
F5	北杏沟	273	0.5~1.0	北东向	332	59~70	发育碎裂岩	压扭性	硅化、绢云母化、黄铁矿化、褐铁矿化
F6	乱柴沟	1 487	0.1~2.5	北东向	312~330	63~81	发育碎裂岩	张扭性	硅化、绢云母化、碳酸盐化、褐铁矿化
F7	南刺棱沟	1 637	0.7~1.5	北东向	291~303	70~83	发育碎裂岩、蚀变岩	张扭性	硅化、绢云母化、绿泥石化、高岭土化、褐铁矿化
F12	下宫村东坡	580	0.3~1.0	北东向	317	75~88	发育碎裂岩	张扭性	硅化、绢云母化、绿泥石化、褐铁矿
F14	洛店沟—疼痛沟	644	0.2~1.2	北东向	292~318	45~66	发育碎裂岩	压扭性	硅化、碳酸盐化、绿泥石化、褐铁矿化
F16	洛店沟西岔沟	233	0.2~0.8	北东向	304~330	40~53	发育碎裂岩	压扭性	硅化、绢云母化、绿帘石化、绿泥石化、褐铁矿化

3.3 岩浆岩

矿区内岩浆活动强烈,主要表现为太古代大量的中基性—超镁铁质岩浆喷发、辉长岩侵入和中元古代熊耳期强烈的中基性—酸性火山喷发岩、闪长岩、闪长玢岩、石英闪长岩、细晶闪长岩侵入等,以及中生代燕山期酸性花山花岗岩、正长斑岩、花岗斑岩等侵入活动。

3.3.1 太古代岩浆活动

太古代岩浆活动主要表现为中基性岩浆喷发及超镁铁质岩、辉长岩侵入等。分布面积约 15 km²。经区域变质及混合岩化作用,组成了太华岩群石板沟岩组的片麻岩。

本区太古代侵入岩主要为辉长岩,受区域变质作用成为变辉长岩,零星分布于七里坪矿区东北部的瓦房沟和北王玉沟内,规模较小,呈圆形、椭圆形,长轴呈北西向顺层侵入,局部斜切层理,与区域构造线方向基本一致。侵入岩产状主要为岩床、岩株状,侵入时代属晚太古代。

3.3.2 元古代岩浆活动

主要表现为中元古代熊耳期火山喷出岩及伴随火山活动所形成的一些浅成相岩株,岩脉(墙)及超浅成—次火山相侵入体。在上宫矿区和七里坪矿区南部广泛出露,为中基性—中酸性火山熔岩,主要岩石类型为安山岩、杏仁状安山岩和斑状安山岩及鸡蛋坪组下段英安岩和英安质流纹(斑)岩,是区域熊耳群火山岩的一部分,其岩性和岩石学特征详见前述地层部分。

3.3.3 中生代构造岩浆活动

位于测区东部,东延出图,区域上呈巨大的岩基产出,平面形态为近东西向椭圆形,侵位于晚太古代太华群地层中,接触面外倾,界面呈不规则港湾状。中生代燕山期岩浆活动以大规模酸性岩浆侵入为特点,形成花山花岗斑岩岩体,并派生出许多酸性的小岩枝、岩脉。主要岩性为浅肉红色斑状含角闪二长花岗岩(γ_5^3)及分布零星的花岗斑岩脉($\gamma\pi_5^3$)、正长斑岩脉($\xi\pi_5^3$)。燕山期岩浆活动对本区金成矿起着十分重要的作用。区域上围绕花山岩体金矿床、矿点密布,反映了金矿的形成与花山岩体之间具有时空上的内在联系。

浅成斑岩脉多分布于七里坪矿区东北部刺棱沟—瓦房沟—中王玉沟一带,呈北西向脉状侵入于太华群石板沟地层中。脉长 30～2 200 m,脉宽 15～50 m。

1. 花山花岗斑岩体(γ_5^3)

产出于七里坪矿区东北部,区内出露面积约 2.3 km²,与围岩呈侵入接触关系,花山岩体沿接触带常呈枝叉状侵入于围岩中,主要岩石类型为斑状含角闪二长黑云母花岗岩。各岩石特征如下:斑状含角闪二长黑云母花岗岩呈浅红—肉红色,中粗粒花岗结构、似斑状结构,块状构造。岩石由斑晶和基质两部分组成。斑晶主要为钾长石或微斜条纹长石(5%～20%)和斜长石(5%～15%)。基质矿物成分为微斜条纹长石(10%)、斜长石(15%)、石英(25%～30%)、黑云母(4%～6%)、角闪石(4%～6%)。

2.花岗斑岩脉($\gamma\pi_5^3$)

岩石为灰白色,浅肉红色,斑状结构,块状构造。斑晶为斜长石(1%～3%),钾长石(2%～5%)。斜长石斑晶呈自形—半自形短柱状,粒径0.3 mm×0.5 mm～3 mm×5 mm,具环带构造;钾长石斑晶呈半自形—自形短柱状或宽板状,粒径0.3 mm×0.5 mm～3 mm×4 mm,石英多呈不规则状,少量黑云母呈鳞片状。基质为微粒状,由细—微粒的长英质矿物组成。

3.正长斑岩脉($\xi\pi_5^3$)

岩石为浅红色,斑状结构,块状构造。斑晶主要为钾长石(10%～30%)。钾长石斑晶呈半自形—自形短柱状或宽板状,粒径0.7 mm×1.0 mm～3 mm×4 mm。基质为霏细状—微粒状,由暗色矿物角闪石和长英质矿物组成。

3.4 物化探异常特征

3.4.1 地球物理特征

本次在七里坪矿区F1(二)段、F1(三)段构造带上投入的物探工作有激电中梯、激电测深和激电测井,比例尺为1:(1 000～5 000)。目前物探测量工作已完成,经反演测算得出如下结论:F1(三)段视极化率异常下限值取其数据统计平均值约为2.05%,共圈出10个激电异常,其中QJ2、QJ3、QJ4、QJ5、QJ6、QJ8为主要异常,QJ1、QJ7、QJ9、QJ10为一般异常(见图3-2)。F1(二)段视极化率异常下限值取其数据统计平均值约为1.87%。主要圈出6个激电异常,其中SJ3、SJ4、SJ6为主要异常,SJ1、SJ2、SJ5为一般异常(见图3-3)。

从图3-2、图3-3中可看出,整体激电中梯扫面圈出的异常范围与地质情况吻合较好,大部分为含矿断裂破碎带位置,推测为含矿断裂破碎带引起异常,并通过激电测深对激电中梯主要成矿异常区进行纵向深部验证,激电测深验证异常区在纵深方向都有不同程度的异常反映,说明了激电中梯圈定异常的可靠程度,为下一步的找矿和钻探验证提供了比较可靠的依据。

另外,多方位激电测井分出了矿化异常大致层位,异常延伸范围较小,一般不大于100 m。本次激电测井与激电中梯、激电测深圈定的异常在平面位置吻合很好,但在深度上对应较差。

本次依据物探测量工作成果和工区的地形地质情况,对物探异常比较好的开展钻探工程验证。共施工钻孔10个,均在设计位置见到含矿构造蚀变带,其中一个钻孔(ZK6703)见到工业矿体,其他均为矿化孔。表明利用多种物探技术手段探矿是行之有效的。

3.4.2 地球化学特征

七里坪至康山的F1大断裂,通过1:1万土壤地球化学测量,共圈定Au、Ag、As、Cu、Pb、Zn、Mn等单元素异常231个,组合异常36个,异常呈线状。按空间分布和组合关系,分成8个异常段,大体以300～500 m等距排列。其区内位于Ⅰ、Ⅱ、Ⅲ、Ⅳ异常段。其中Ⅰ异常段即七里坪异常段(本次勘查的七里坪六沟段编号为F1(三)),Ⅱ异常段即上宫异常段(编号F1-1);Ⅲ异常段即干树凹导异常段;Ⅳ异常段即青岗坪异常段(编号F1-4)。第Ⅳ异常

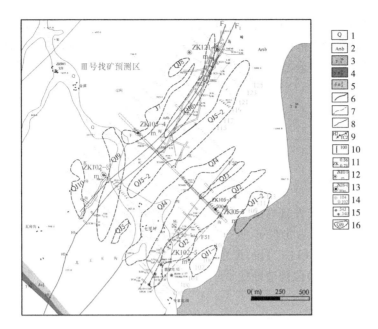

1—第四系;2—太古界太华群片麻岩;3—中生代燕山期斑状含角闪黑云母二长花岗岩;4—中生代燕山期花岗斑岩;5—元古代石英闪长岩;6—矿体及构造蚀变带;7—推测断层;8—地层界线;9—采样位置以及完工探槽位置、编号;10—勘探线、物探线位置及编号;11—工程号金品位(×10⁻⁶)/厚度(m);12—地-井激电测井钻孔;13—根据物探异常设计钻孔孔号/孔深(m);14—激电中梯测点、测线及编号;15—激电测深点及编号;16—激电中梯异常范围及编号

图 3-2 七里坪矿区 F1(三)物探成果

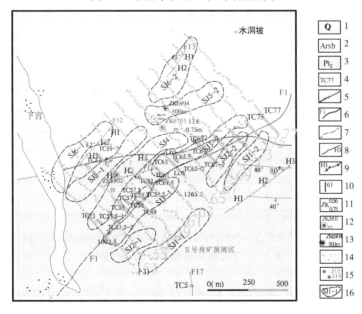

1—第四系;2—太古界太华群片麻岩;3—中元古界熊耳群安山岩;4—探矿工程位置及编号;5—不整合界线;6—构造蚀变带及编号;7—推测断层;8—地层界线;9—采样位置以及完工探槽位置、编号;10—勘探线、物探线位置及编号;11—工程号金品位(×10⁻⁶)/厚度(m);12—地-井激电测井钻孔;13—根据物探异常设计钻孔孔号/孔深(m);14—激电中梯测点、测线及编号;15—激电测深点及编号;16—激电中梯异常范围及编号

图 3-3 七里坪矿区 F1(二)物探成果

段内有 As 异常。其中,上宫、干树的Ⅱ、Ⅲ异常段已完全证实赋存有构造蚀变岩大中型金矿体。而本次对Ⅰ异常段进行评价,认为异常规模、强度、元素组合密切相关,即规模大、强度高的异常元素组合复杂。总之,该区地球化学异常的元素组合为 Au、Ag、Pb、Zn,是寻找金矿床的组合元素。

3.5 矿床特征

3.5.1 矿脉地质特征

研究区通过本次工作发现含金构造蚀变带 10 条,其中有规模的可圈出工业矿体的 4 条,按其展布方向,大致分为北东向、近东西向、近南北向三组(见图3-4)。其中北东向含金构造蚀变带有 F1(一)段、F1(二)段;近东西向含金构造蚀变带有 F60;近南北向含金构造蚀变带有 F17。其中 F1(一)段构造蚀变带规模最大,金矿化较好。

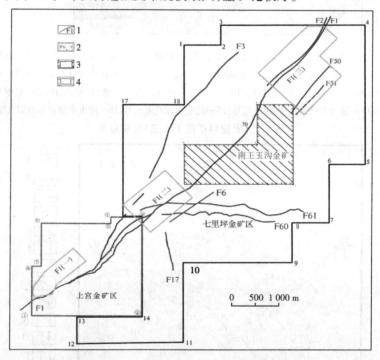

1—含矿构造蚀变带及编号;2—找矿预测区及编号;3—七里坪矿区范围;4—上宫矿区范围

图3-4 工作区构造蚀变带(矿脉)分布

1. 北东向含金构造蚀变带

F1(一)段含金构造蚀变带位于上宫矿区Ⅰ号找矿预测区,西起五龙沟经庙东沟至虎沟一带。矿脉走向长近 3 000 m,为本区主要控矿断裂蚀变带。本次勘查仅对第 01~第 29 勘探线间分布的Ⅰ、Ⅳ号矿脉进行评价,该组矿脉宽 4.9~18.7 m,平均倾向 315°,倾角 50°~70°,空间形态呈脉状、透镜状。带内发育褐铁矿化碎裂岩、黄(褐)铁矿化硅化碎裂岩、角砾岩、挤压片理和泥砾岩、黄铁绢英岩,顶底部多为蚀变碎裂安山岩,构造多期活动特征明显。蚀变有硅化、碳酸盐化、绢云母化、高岭土化等。主要金属矿化为黄铁矿、褐铁矿、方铅矿、黄铜矿等。经中浅部系统坑探工程和深部钻探控制，该含金构造蚀变带中金矿化富集较均匀、连续，厚度较稳定，圈定金矿体 6 个，编号 F1（一）- I_1、F1（一）- I_4、F1（一）- I_{12} 和 F1（一）- IV_0、F1（一）- IV_1、F1（一）- IV_6。

F1（二）段含金构造蚀变带分布于七里坪矿区西南部 II 号找矿预测区内。F1（二）段含金构造蚀变带分布于虎沟至水洞坡一带（第 53 ~ 77 勘探线之间），矿脉长近 1 400 m，宽 1.0 ~ 8.7 m，倾向 330°，平均倾角 57°，空间分布形态呈脉状、透镜状。带内及两侧蚀变作用强烈，主要表现为黄铁绢英岩化、铁白云石化、硅化、绢云母化、绿泥石化等。带内岩性为褐铁矿化碎裂岩、黄铁矿化硅化蚀变碎裂岩、角砾岩等。金属矿化主要有黄铁矿化、褐铁矿化。经地表槽探、露头及中深部坑、钻探工程揭露 F1（二）矿脉地表及中深部金矿化较差，仅在 67 线上单孔圈定 2 个小金矿体，F1（二）- I、F1（二）- II 和银矿体一个，编号 F1（二）- III。

2. 近南北向含金构造蚀变带

F17 含金构造蚀变带位于七里坪矿区西南部。矿脉走向长约 470 m，宽 0.8 ~ 3.8 m，走向 352°，倾向东，倾角 70° ~ 80°，空间分布形态呈脉状、透镜状。带内岩性主要为蚀变碎裂岩，蚀变有硅化、绢云母化、绿泥石化、碳酸盐化等，金属矿化有黄铁矿化、褐铁矿化，局部见方铅矿化。F17 矿脉中浅部金矿化较连续，富集较均匀，厚度较稳定。本次勘查圈定金矿体一个，编号为 F17- I。

3. 近东西向含金构造蚀变带

F60 含金构造蚀变带位于七里坪矿区南部。矿脉出露长度约 1 320 m，宽 0.1 ~ 2.0 m，走向 75° ~ 110°，倾向南，倾角 38° ~ 42°，空间分布形态多呈薄层状、脉状。带内岩性主要为方铅矿化蚀变碎裂岩、黄铁矿化硅化碎裂岩。蚀变有硅化、绢云母化、绿泥石化、绿帘石化、碳酸盐化等。金属矿化有黄铁矿化、褐铁矿化、方铅矿化等。该含铅（金）构造蚀变带浅部以银矿为主，局部含金，向深部银品位变贫，金品位有升高趋势。经浅部坑探和中深部钻探工程控制，799 m 标高以上矿体单样银品位最高达 $6\ 000 \times 10^{-6}$，单样金品位最高达 8.9×10^{-6}。圈定金矿体 1 个，编号为 F60- I；银矿体 2 个，编号为 F60- I、编号为 F60- II。

除上述系统控制的 4 条含金构造蚀变带外，区内 F1（三）、F50、F51、F61、F2、F3 等 6 条矿脉矿化体规模小或仅见零星矿化露头，带内岩性多为褐铁矿化碎裂岩、褐铁矿化硅化蚀变岩等，地表仅做稀疏工程控制，初步了解其含矿性。

矿区主要含金构造蚀变带特征见表 3-2。

3.5.2 矿体特征

研究区通过对 F1（一）、F1（二）、F17、F60 等 4 条含金构造蚀变带系统工程控制，共圈出金矿体 9 个，银矿体 3 个。矿体均赋存于含金构造蚀变带内，其形态、产状与含矿断裂带基本一致，一般呈脉状、透镜状、薄层状。围岩为新太古界太华群石板沟岩组片麻岩和熊耳群许山组火山岩系。其主矿体特征如下（见表 3-3）。

1. F1（一）- I_{12} 金矿体特征

F1（一）- I_{12} 金矿体位于上宫矿区 I 号找矿预测区内，本次重点在 01 ~ 29 线间 706 m 采矿标高以下开展工作。706 m 以上有 15 排不同中段沿脉坑道控制，深部有 38 个钻孔工程控制。本次施工钻孔 12 个，沿脉坑道 YD706。矿体分布标高 178.2 ~ 1 293 m，矿体控

表 3-2　矿区主要含金构造蚀变带特征一览表

含金构造蚀变带编号	规模		产状(°)		岩性	主要蚀变	金属矿化	当金矿(体)化情况
	长度(m)	宽度(m)	倾向	倾角				
F1(一)-I	2 771	0.2~8.6	110~340	43~86	碎裂岩、蚀变岩、糜棱岩、石英脉	硅化、绢云母化、绿帘石化	黄铁矿化、方铅矿化、黄铜矿化	控制矿体6个，分别长1 930~28 m，呈薄板状，平均品位依次为6.50×10⁻⁶~2.17×10⁻⁶，矿体平均产状290°~330°∠65°~80°，浅部已采空
F1(二)	1 650	0.2~4.2	318~342	53~85	碎裂岩、蚀变岩、石英脉	硅化、碳酸盐化、绿泥石化	黄铁矿化、黄铜矿化	控制矿体3个，分别长51 m,51 m，呈薄板状，平均产状317°∠60°~65°，平均厚度分别为0.75 m、1.01 m，平均品位分别为13.60×10⁻⁶、8.65×10⁻⁶
F1(三)	1 459	0.3~5.7	291~323	48~84	碎裂岩、蚀变岩、石英脉	硅化、碳酸盐化、绿泥石化	褐铁矿化、赤铁矿化	地表金矿化不连续，金品位在0.56×10⁻⁶~1.36×10⁻⁶。本次工作未能圈定工业矿体
F17	590	0.8~3.8	78~86	70~81	蚀变岩、石英脉	硅化、绿帘石化	黄铁矿化、褐铁矿化、方铅矿化	矿体长619 m，呈棱形，平均厚度0.82 m，平均品位为3.15×10⁻⁶，平均产状为78°∠75°~81°，
F50	741	0.5~4.8	130~140	50~60	碎裂岩、蚀变岩	硅化、碳酸盐化	黄铁矿化、褐铁矿化	矿体长368 m，平均厚度0.81 m，呈漏斗状，平均品位2.69×10⁻⁶，矿体平均产状134°∠54°
F51	831	0.15~3.7	303~312	46~81	碎裂岩、蚀变岩	硅化、碳酸盐化	褐铁矿化、赤铁矿化	无金矿化
F60	2 927	0.1~1.0	165~200	38~43	碎裂岩、蚀变岩	硅化、碳酸盐化	黄铁矿化、氧化银、褐铁矿化	控制矿体1个，分别长610 m，平均厚度0.64 m，呈薄层状，平均品位为1.42×10⁻⁶，矿体平均产状180°∠37°
F61	1 389	0.15~2.2	180~199	39~52	碎裂岩、蚀变岩	硅化、绢云母化、绿泥石化	褐铁矿化	地表金矿化较差，有零星铅锌矿化
F2	1 766	0.1~2.0	294~319	56~86	碎裂岩、蚀变岩	硅化、碳酸盐化、绿泥石化	褐铁矿化	地表金矿化较差，有零星金矿化现象，金品位(0.55~0.79)×10⁻⁶
F3	529	0.75~2.3	290~317	50~74	蚀变岩、碎裂岩	硅化、绢云母化、绿泥石化	褐铁矿化	地表金矿化较差，且不连续，有铅锌银矿化现象

表 3-3　矿体特征一览表

矿体编号	矿体分布范围		矿体形状	矿体平均产状(°)	矿体规模					矿体品位			金资源量(kg)
	位置	标高(m)			走向长度(m)	倾向最大延伸(m)	矿体厚度			变化范围(×10⁻⁶)	平均值(×10⁻⁶)	变化系数(%)	
							变化范围(m)	平均值(m)	变化系数(%)				
F1(一)-I12	3~41线	178.2~1 293	薄板状	317∠62	1 930	1 164	0.51~3.39	1.28	126	1.30~13.03	6.50	83	(333)8 058.4
F1(一)-I21	13~17线	926~1 124	脉状	317∠62	188	228	0.71~1.82	0.92	21	1.64~2.85	2.17	23	(333)146
F1(一)-I1	01~1线	864~973	薄板状	317∠62	28	123	0.80~0.90	1.23	35	1.59~4.15	2.42	45	(333)27.2
F1(一)-IV1	01~7线	949.5~660.4	板状、脉状	317∠60	486	277	0.21~2.62	1.41	54	1.07~12.96	4.95	80	(333)1 472.7
F1(一)-IV6	11~17线	1 058.8~419.4	脉状	317∠60	84~238	738	0.25~3.60	2.14	90	1.30~9.91	2.85	53	(333)986.9
F1(一)-IV0	01线两侧	848~708	薄板状、薄脉状	178∠28	51	161.6	0.21	0.21	77	4.48~5.22	4.85	55	(333)18.7
F1(二)-I	67线	897.6~938.7	脉状	330∠57	100	100	0.75	0.75		13.6	13.6		(333)42.79
F1(二)-II	67线	660~727	脉状	330∠57	100	100	1.01	1.01		8.65	8.65		(333)36.6
F1(二)-III	PD1020	984.6~1 055.4	板状	330∠42	193	105	0.22~2.14	0.65	43	23~5 680	1 714.32	79	(333)32 405.9
F17-I	11~25线	1 309~890.9	薄层状	352∠75	740	402	0.58~1.40	0.82	58	1.69~7.84	3.15	98	(334)? 679.7
F60-I	20~39线	479~995	薄脉状、透镜状	90∠40	1 420~748	502	0.15~1.4	0.69	53	金 0.22~22.40 银 6.9~3 600	2.48 337.80	119	(122b)+(333)538.3 (122b)+(333)73 411.6
F60-II	11~03线	867~803	薄板状	90∠40	232		0.14~0.39	0.27	47.2	1 610~1 892	1 684.49	8.1	(333)20 688.8

· 29 ·

制长 1 930 m,最大延深 1 164 m(31 线)。矿体平均倾向为 317°,倾角 46°~67°,平均倾角 62°。矿体厚 0.51~3.39 m,平均厚度 1.28 m,厚度变化系数为 126%,属厚度较稳定型。块段金品位(1.30~13.03)×10^{-6},平均品位 6.50×10^{-6},品位变化系数为 83%,属均匀型。矿体品位与厚度相关性较密切,见图 3-5。矿体形态呈薄板状,在剖面上呈脉状、豆荚状,局部有分枝复合的现象。矿石自然类型有构造角砾岩型、碎裂岩型、蚀变安山岩型,基本为原生矿。深部见矿情况良好,矿体未封闭,且矿体有增厚趋势。本次估算新增(333)金矿石量 1 237 658 t,金金属量 8 058.4 kg。

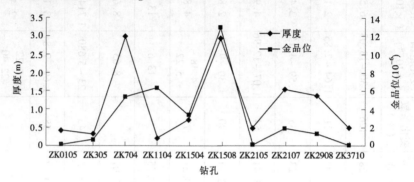

图 3-5　F1(一)含金构造蚀变带 I 12 矿体厚度品位变化曲线

2. F1(一)-I_{21}矿体特征

F1(一)-I_{21}矿体位于 13~17 线间,矿体分布标高 926~1 124 m,矿体长 188 m,最大延深 228 m,有 PD11 沿脉坑道和 7 个钻孔工程控制。矿体倾向 317°,倾角 46°~67°,平均 62°。矿体形态总体呈薄板状、脉状。矿体厚度 0.71~1.82 m,平均 0.92 m,厚度变化系数 21%,属稳定型;金品位(1.64~2.85)×10^{-6},平均 2.17×10^{-6},品位变化系数 23%,属均匀型。该矿体估算新增(333)低品位金资源量 146 kg,矿石量 67 204 t。

3. F1(一)-I_1矿体特征

F1(一)-I_1矿体位于 01~1 线间,矿体分布标高 864~973 m,矿体长 28 m,延深 123 m。由 PD33 和 PD891 二排沿脉坑道及 3 个钻孔工程控制。矿体倾向 317°,平均倾角 62°。矿体形态较简单,总体呈薄板状。矿体厚度 0.80~0.90 m,平均 1.23 m,厚度变化系数 35%,属稳定型;金品位(1.59~4.15)×10^{-6},平均 2.42×10^{-6},品位变化系数 45%,属均匀型。该矿体估算新增(333)低品位金资源量 27.2 kg,矿石量 11 257 t。

4. F1(一)-IV_1矿体特征

F1(一)-IV_1矿体位于 01~7 线间,矿体分布标高 949.5~660.4 m,矿体走向长 486 m,延深 277 m。由 PD891 和 PD706 二排沿脉坑道及 17 个钻孔工程控制。本次施工沿脉坑道 PD706 和钻孔 ZK0105、ZK305、ZK306、ZK704。矿体倾向 317°,平均倾角 60°。矿体形态呈板状、脉状。矿体厚度 0.21~2.62 m,平均 1.41 m,厚度变化系数 54%,属稳定型;金品位(1.07~12.96)×10^{-6},平均 4.95×10^{-6},品位变化系数 80%,属均匀型。该矿体估算新增(333)金资源量 1 472.7 kg,矿石量 251 797 t。

5. F1(一)-IV_6矿体特征

F1(一)-IV_6矿体位于 11~17 线间,矿体分布标高 1 058.8~419.4 m,矿体走向长 84~

238 m,延深约 738 m。由 PD706、PD891、PD972 三排沿脉坑道及 10 个钻孔工程控制,本次施工钻孔 ZK1504、ZK1508、ZK1512、ZK1104、ZK1108。矿体倾向 317°,平均倾角 60°。矿体形态呈脉状。矿体厚度 0.25 ~ 3.60 m,平均 2.14 m,厚度变化系数 90%,属稳定型;金品位 $(1.30 ~ 9.91) \times 10^{-6}$,平均 2.85×10^{-6},品位变化系数 53%,属均匀型。该矿体估算新增(333)金资源量 986.9 kg,矿石量 128 274 t。

6. F1(一)-IV_0 矿体特征

F1(一)-IV_0 矿体位于 01 线两侧,矿体分布标高 848 ~ 708 m,矿体走向长 51 m,延深约 161.6 m。由钻孔 ZK0104、ZK0105 工程控制。矿体倾向 317°,平均倾角 60°。矿体形态呈薄板状或薄脉状。矿体平均厚度 0.21 m,厚度变化系数 77%,属稳定型;金品位 $(4.48 ~ 5.22) \times 10^{-6}$,平均 4.85×10^{-6},品位变化系数 55%,属均匀型。该矿体估算新增(333)金资源量 18.7 kg,矿石量 3 856 t。

7. F1(二)-I、F1(二)-II 金矿体特征

F1(二)-I、F1(二)-II 金矿体位于七里坪矿区 II 号找矿预测区 F1(二)号含矿构造蚀变带 61 ~ 73 线间,浅部由 YD1020 坑道控制,深部由 ZK6703 等 7 个钻孔工程控制。该段含矿构造蚀变带金矿化极差,仅在 67 线由钻孔 ZK6703 单工程圈定二个小矿体,编号为 F1(二)-I 和 F1(二)-II。圈定两个矿体呈较规则四边形,走向长 100 m,前者埋藏深度为 897.6 ~ 938.7 m;后者埋藏深度为 660 ~ 727 m。矿体倾向 330°,倾角 57°,属较陡倾斜矿体;矿体厚度分别为 0.75 m 和 1.01 m,金品位分别为 13.6×10^{-6} 和 8.65×10^{-6}。前者估算新增(333)矿石量 3 141 t;金金属量 42.7 kg;后者估算新增(333)金资源量 36.6 kg,矿石量 4 230 t。

8. F1(二)-III 银矿体特征

F1(二)-III 银矿体位于 PD1020 坑道上下,由 19 条工程样线控制。圈定银矿体平面形态呈长条形,板状,走向长 193 m,矿体倾向 330°,平均倾角 42°,属中等倾斜矿体;矿体厚度 0.22 ~ 2.14 m,平均 0.65 m,厚度变化系数 43%,属稳定型;银品位为 $(23 ~ 5 680) \times 10^{-6}$,平均银品位 $1 714.32 \times 10^{-6}$,品位变化系数 79%,属稳定型。估算新增(333)银矿石量 18 903 t;银金属量 32 405.9 kg。

9. F17-I 金矿体特征

F17-I 金矿体位于七里坪矿区西南部 11 ~ 25 线间,属隐伏—半隐伏矿体。矿体分布标高 1 309 ~ 890.9 m,浅部由 LD1210、PD1260、PD1227、PD1188、PD1150、YM1100 等 6 个坑道控制,深部由 ZK1503、ZK1903、ZK2303 等 3 个钻探工程控制,中浅部控制矿体长 740 m,最大斜深 402 m。矿体形态呈不规则薄脉状、透镜状。矿体走向 352°,倾向东,平均倾角 75°。矿体厚度 0.58 ~ 1.40 m,平均 0.82 m,厚度变化系数 58%,属稳定型;金品位 $(1.69 ~ 7.84) \times 10^{-6}$,平均 3.15×10^{-6},品位变化系数 98%,属均匀型。矿体品位与厚度相关性较密切,见图 3-6。矿体深部见矿较好,底部未封闭。该矿体估算新增(334)?矿石量 215 723 t,金金属量 679.7 kg。

10. F60-I 银金矿体特征

F60-I 银金矿体位于七里坪矿区南部 20 ~ 39 勘探线间,分布标高 479 ~ 995 m,799 m 标高以上已采空。中浅部由 PD906、PD860、PD829、PD799、PD739 和 ZK1103、ZK1105、ZK303、ZK307、ZK403 等工程控制。矿体走向总体呈上宽下窄的梨形,上部矿化不连续,断续走向长 1 420 m,中部矿体长 748 m,下部为 80 m,最大延深 502 m。矿体形态呈薄脉状、透

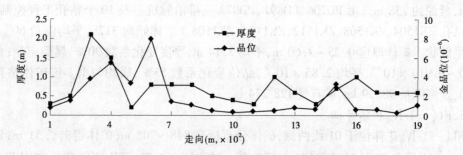

图 3-6 F17-Ⅰ金矿体沿走向厚度品位变化曲线

镜状。矿体走向 85°~95°,平均走向 90°,倾向南,平均倾角 40°。矿体厚度 0.15~1.4 m,平均 0.69 m,厚度变化系数 53%,为稳定型;金品位(0.22~22.40)×10⁻⁶,平均 2.48×10⁻⁶,品位变化系数 119%,属较均匀型;银品位(6.9~3 600)×10⁻⁶,平均 337.80×10⁻⁶,品位变化系数 173%,属不均匀型。矿体深部基本封闭。该矿体估算新增(122b)+(333)金矿石量 217 325 t,金金属量 538.3 kg,银金属量 73 411.6 kg。

11. F60-Ⅱ银金矿体特征

F60-Ⅱ银金矿体位于七里坪矿区南部 11~03 线间,分布标高 867~803 m,由钻孔 ZK1103、ZK303 工程控制。矿体形态总体呈薄板状,长 232 m,近东西向水平展布。矿体走向 85°~95°,平均 90°,倾向南,平均倾角 40°。矿体厚 0.14~0.39 m,平均 0.27 m,厚度变化系数 47.2%,属稳定型;银品位(1 610~1 892)×10⁻⁶,平均 1 684.49×10⁻⁶,品位变化系数 8.1%,属均匀型。矿体深部未封闭。初步估算新增(333)矿石量 12 282 t,银金属量 20 688.8 kg。

第 4 章　成矿构造特征

成矿构造因素是矿床形成和分布的主要控制因素。成矿构造不仅为含矿流体和成矿物质提供了迁移的通道,同时也调整了矿质沉淀所必需的热力学条件。上宫金矿床是熊耳山地区典型的构造蚀变岩型金矿,矿体主要位于熊耳群盖层及太华群变质基底内,矿化和蚀变均严格受成矿构造破碎带控制。

4.1　区域构造特征

上宫金矿床位于熊耳山金矿田北部,行政区划隶属于河南省洛宁县、嵩县、栾川管辖,南以马超营深大断裂为界,北西以洛宁—卢氏盆地为界,北东以三门峡—鲁山断裂为界。熊耳山地区东西长约 80 km,南北宽 15~40 km,面积约 2 000 km²。

熊耳山金矿田大地构造位置处于华北地台南缘,华熊台隆熊耳山隆断区,南部秦岭褶皱带。本区在古老的基底褶皱之上,分布着多期次的断裂,形成了本区域破裂形变(断层)与连续性形变(褶皱)相叠加的构造格局。区内的基底褶皱包括近东西的倒转 – 平卧褶皱和近南北向倾伏背形构造、向形构造及弧形褶皱束;盖层褶皱即为横贯全区的花山一龙脖背斜,主要由熊耳群组成。

熊耳山地区的断裂构造以似等距排列的 NE 向断裂最为发育,控制着区内金矿的形成和分布。例如,瑶沟和祁雨沟金矿沿陶村—马园断裂分布,星星阴、干树凹、上宫、虎沟、小池沟金矿沿星星阴—七里坪断裂分布。该区北东向断裂构造总体属于东西向马超营深大断裂的次级构造,马超营断裂长约 200 km,切割深度 10 km 以上(刘红樱等,1998),在扬子板块与华北板块碰撞期间,马超营断裂表现为倾向北的 A 型俯冲带(范宏瑞等,1993、1998;刘红樱等,1998;王海华等,2001)。

4.2　矿区构造特征

上宫金矿区位于龙脖—花山背斜南翼,矿区出露地层呈单斜,走向近东西,南倾,倾角 26°~42°,总体产状倾向 185°,倾角 38°。矿区断裂发育,大小共 36 条,其中长度大于 100 m,共计 24 条,最长的纵贯矿区,大于 2.7 km。根据断裂走向、结构面力学性质及控岩控矿特征,可将矿区内断裂分为北东向、近南北向及东西向三组。北东向断裂纵贯矿区,为主要的控岩控矿构造。其活动历史长、期次多、规模大、形态复杂。其他方向断裂主要为控岩断裂,不甚发育,矿化甚微。现将矿区主要构造分述如下。其余参见表 3-1。

4.2.1　北东向断裂

北东向断裂是矿区主要的控矿断裂构造(星星阴—上宫断裂带),总长 32 km,矿区出露长 2 700 m,该断裂构造倾向北西,倾角 50°~70°,是由数条近于平行的次级断裂构造组成。

这些次级断裂构造分别编号为 F1-Ⅰ、F1-Ⅱ、F1-Ⅲ、F1-Ⅳ、F1-Ⅴ、F1-Ⅵ,在含金构造蚀变岩带内,矿体分别赋存在相应的含金构造蚀变岩带。六个含金构造蚀变岩带分布范围、规模、产状统计如表4-1所示。

表 4-1　上宫金矿区 F1 含金构造蚀变岩带特征统计

编号	范围	最大宽度 (m)	最小宽度 (m)	平均宽度 (m)	长度 (m)	倾向 (°)	倾角 (°)
F1-Ⅰ	03～41 线	11	1	4.9	2 200	319°	58°
F1-Ⅱ	21～40 线	13	2.0	4.6	900	316°	50°
F1-Ⅲ	19～40 线	24	3.0	6.9	1 050	320°	54°
F1-Ⅳ	30～41 线	22	6	18.7	2 000	321°	54°
F1-Ⅴ	26～41 线	37	6	13.6	800	313°	59°
F1-Ⅵ	26～41 线	17	2	7.14	850	312°	56°

构造的多次活动和热液的多阶段改造,使得矿区构造岩类型及其分布复杂多变,概况起来有以下几种类型:

(1)构造角砾岩。主要由大小不等的棱角状、次棱角状、次浑圆状安山岩,石英脉角砾组成。角砾由岩屑岩粉和蚀变矿化矿物绢云母、铁白云石、绿泥石、黄铁矿及多金属硫化物、碲化物胶结。

(2)碎裂岩化岩石及碎裂岩。前者为安山岩及玄武安山岩被相对较弱的应力破碎,形成碎裂纹,沿碎裂纹有绢云母、绿泥石、铁白云石及石英细脉充填交代。原岩特征基本清楚。碎裂岩化岩石进一步破碎形成碎裂岩,其蚀变和矿化作用较碎裂岩化岩石强。

(3)糜棱岩。矿区局部发育。由定向排列的豆荚状、透镜状安山岩碎屑、石英碎屑及大量的新生矿物绢云母、绿泥石、碳酸盐等矿物组成。

(4)构造泥砾岩。由成矿后构造叠加在成矿期构造带上形成。角砾成分为矿石或安山岩,由未固结的断层泥胶结。

4.2.2　近南北向断裂

此组断裂共有 5 条:F7、F38 和 F5、F30、F32,前者为控岩断裂,后者略有矿化和蚀变。

F7 和 F38 分布在矿区南部,控制霏细岩脉。F38 走向方位 7°,倾向西,倾角陡,长度约40 m。F7 走向方位 14°,倾向西,倾角 84°～86°,长约 380 m。

F5 位于矿区西侧,起自刁崖终至虎沟,出露长度 1 390 m,走向 356°～34°,倾向总体为270°,倾角 58°～70°。

F30 和 F32 断裂,形成构造蚀变角砾岩带。F30 分布在 33～35 线间,长度 200 m,倾向261°～276°,倾角 54°～76°,宽度 2～3 m,有微弱蚀变。F32 分布在 37～38 线间,长约 152m,倾向 260°～275°,倾角 63°～84°,宽 2 m 左右。F30、F38 成矿前构造活动为张性,形成张性构造角砾岩,成矿期构造活动为压扭性,在张性构造角砾岩带上形成较为狭窄的压扭性断裂结构面。

4.2.3 近东西向断裂

近东西向断裂有 F24、F12、F16、F19 及 F17、F18(一)、F18(二),分别控制了玄武安山岩和角闪石英二长岩超浅成浸入岩类。

F24 充填玄武安山岩脉,岩脉与围岩分界面清楚,略呈舒缓波状,光滑,有凹凸面,倾向175°,倾角52°,为压性结构面。矿区 21~27 线南部出露长度约 300 m,宽 20~30 m。F12控制玄武安山岩脉,倾向8°,倾角60°,沿走向延长 90 m,宽度 8~20 m。F16、F19 为较小规模的玄武安山脉,性质可能与 F12 相同。

F17、F18(一)、F18(二)分布在 11~13 线间北部,充填角闪石英二长岩脉。三条岩脉近于平行,倾向0°~20°,倾角40°~70°,宽度 10~80 m,延伸长度 460~530 m(F17),F18(一)、F18(二)在 16 线合并,宽度达 80 m。角闪石英二长岩脉与围岩分界清楚,成岩期为压性构造活动,断裂面呈舒缓波状,根据磨光面和擦痕判断为上盘上升的逆断层。

4.2.4 节理特征

矿区节理发育,主要为剪节理,其次为张节理及压性节理,三者在不同方位上均有发育。剪节理延伸相对较长,10 cm 到几十米,一般长度几米。张节理延伸短,一般不超过 1 m,压性节理不发育。由于多期次叠加,不易分出先后。据走向统计,矿区北东向和北西向节理最发育,分别占31%和29%,主要为剪节理。近南北向和东西向节理也有一定程度的发育,分别占21%和19%,也以剪节理为主(见图4-1)。

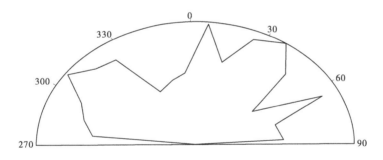

图 4-1　上宫金矿节理走向玫瑰花图

由此可见,矿区内北东向的断裂发育,与之平行的节理也最发育。北西向断裂不发育,但节理发育,说明与北东向断裂共轭的北西向构造以节理形式表现。

4.3　矿区构造演化特征

根据区域地质构造背景、矿区断裂结构面特征及侵入岩脉之间的关系,矿区构造岩浆活动主要有如下几期:

第一期,新太古代晚期。太华群皱褶变形,遭受区域变质作用及混合岩化作用,古老基底形成。

第二期,元古宙早期。18 亿~16 亿年,区域大规模火山岩喷发,形成熊耳群火山岩系。

第三期,早古生代末。华北地台南缘受北秦岭—加里东皱褶造山影响而发生皱褶变质,来自南侧偏东的挤压力形成近东西向的花山—龙脖背斜和近南北向断裂,上宫金矿区位于该背斜南翼,地层南倾。

第四期,印支期。东秦岭洋封闭,华北与杨子板块碰撞对接,在南北向挤压力作用下马超营压扭性断裂再次活动,并产生次级星星阴—七里坪北东向扭性断裂。

第五期,燕山期—喜山期。该期以断裂岩浆活动为主,受印度板块向北东欧亚板块俯冲和太平洋板块向西欧亚板块俯冲影响,星星阴—七里坪断裂先引张后压扭及引张和压扭脉动式交替活动形成了多阶段成矿与蚀变。在该期上宫金矿区由早到晚可分出4次构造活动。其中第一次为成矿前活动,第二次为成矿期活动,第三次为成矿后的活动(见表4-2)。本次研究在详细考察矿区构造特征的基础上,通过对矿区内构造的系统解析与配套,认为上宫金矿区的主要构造(北东向断裂、近南北向断裂、近东西向断裂和北西向节理)在成矿前已经形成,并伴随成矿过程而长期发育,其中北东向断裂在成矿后又有活动。不同方向构造的多期活动均以继承性为主,但又具有一定的差异性。具体表现为由于不同期次构造活动性质不同,因而不同期次的构造形变特征亦有所差异,但后期构造活动的踪迹大致重合着先成构造的踪迹。

表4-2 上宫金矿构造形迹

走向组	期次						
	I		II		III		IV
NE		扭性		压扭		张性		压扭
NNE—NNW		张性		压扭				
近EW		压性						
NW	剪节理		剪节理			压性		
地质建造			金矿石		矿石角砾 区域:花岗岩		构造泥砾岩	
组合关系及 应力作用方式								
相对时期	印支期		印支末期		燕山期		喜山期	

现将上宫金矿的主要成矿断裂——北东向断裂的活动期次总结如下:

(I)成矿前的构造活动主应力近南北向,马超营断裂呈压性,上宫断裂呈扭性活动。这是形成上宫金矿构造格局的一次活动,断裂反时针扭动。上下盘水平断距80 m以上。

(II)成矿期的构造活动以引张、后压扭及引张与压扭脉动交替出现为特征。在扭性断裂的基础上先引张后压扭及引张和压扭脉动式交替出现,形成引张部位充填交代汇聚沉淀基本不含矿的石英脉透镜体及压扭性地段产生早期强硅化、绢云母化、弱云母化、铁白云石化岩石(石英-(弱)黄铁矿化阶段),在此基础上又产生压扭性活动,使已经强烈硅化、铁白云石化等蚀变岩石沿压扭性裂隙交代沉淀金、黄铁矿、方铅矿、铁白云石、石英等(主成矿石英-铁白云石-多金属硫化物阶段),以后张性活动沿张性裂隙形成石英-碳酸盐阶段。交代蚀变致使矿体在部分地段呈透镜状(见图4-2),或具有尖灭再现的特征。断层产状由陡变缓的地段矿脉变厚(见图4-3)。

成矿后的构造活动为:

图 4-2 786 中段Ⅰ号脉菱形透镜体   图 4-3 断层产状变缓部位石英脉变厚

（Ⅲ）张扭性活动,表现为在部分地段可见到压扭性的构造角砾岩带进一步发生张性破碎,形成张性构造角砾岩(见图 4-4)。还可见较厚大的碳酸盐脉沿控矿断裂的主断面发生充填(部分穿插于成矿期矿脉之中),部分碳酸盐脉中可见晶洞,指示该阶段为张性构造环境(见图 4-5)。这些特征均指示北东向断裂继压扭性活动之后进一步发生了张性活动。该期构造活动发生在成矿之后,强度较大,但未伴随显著的热液活动,主要表现为对早期矿体的改造,使早期矿体发生挤压破碎、角砾岩化、泥砾岩化(见图 4-6),但矿体总体位移不大。沿成矿晚阶段的碳酸盐脉壁一般均有断层泥发育(见图 4-7),均为该期构造活动的产物。牵引构造、擦痕等均显示该期构造活动的具逆冲性质(见图 4-8)。

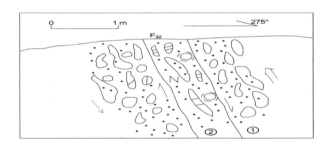

①早期压扭性构造活动方向;②晚期张性构造活动方向
图 4-4 压扭性构造角砾岩发生张性破碎

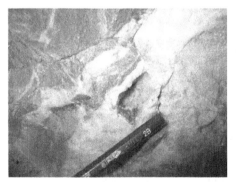

图 4-5 晚阶段碳酸盐脉中的晶洞指示张性环境   图 4-6 构造泥砾岩中残留的石英硫化物角砾

·37·

图 4-7 碳酸盐脉壁发育断层泥 　　　　图 4-8 牵引构造、擦痕指示断裂的逆冲特征

4.4 成矿构造结构面特征及成矿作用

上宫金矿区主要的成矿构造是北东向断裂构造带,北东向断裂在性质、产状、形态等方面变化复杂,正是这种变化的复杂性,成为上宫金矿大型金矿床形成的重要因素。

4.4.1 平面特征

北东向断裂自21线向南西方向收敛,向北东撒开。按各次级断裂带之间的关系及断裂走向变化情况大致可分四段(见图4-9)。

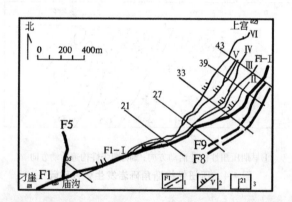

1—实测及推测断裂带及编号;2—成矿构造蚀变岩带及编号;3—勘查线及编号

图 4-9 主断裂带及成矿构造蚀变岩带分布

第一段,收敛段。自03~21线,长1 200 m,整个断裂带宽20~50 m,仅发育Ⅰ号和Ⅳ号次级断裂带。顶底板断裂平行,总体走向50°~60°。

第二段,递变段。位于21~33线间,整个断裂带自21线向北逐渐变宽,在长600 m的距离内,宽度由50 m增至280 m(含Ⅵ号断裂带)。这一段内,断裂分枝复合现象最多,分出上部断裂带Ⅳ、Ⅴ、Ⅵ,下部断裂带Ⅰ、Ⅱ、Ⅲ。

上部断裂带由Ⅳ、Ⅴ号次级断裂带组成,二者相距较近,有时复合在一起。

下部断裂带由Ⅰ、Ⅱ、Ⅲ号次级断裂带组成。三者相距较近,多呈分枝复合特点。

Ⅵ号断裂带,从 27 线分开由单条次级断裂带组成。

以上三个断裂带彼此相距较远,在这一段内,上部断裂带向北偏转 10°~15°,走向方位 40°~45°,下部断裂带略向北偏转,走向 50°左右。

第三段,平行段。位于 33~39 线,长 300 m,各次级断裂带近似平行延伸,分枝复合相对较少,上部断裂带走向与递变段基本相同,为 45°左右。下部断裂带走向向北偏转 10°~15°,走向 35°~40°。Ⅵ号断裂带与上部断裂带分开,单独一条,以 25°~30°方向延伸。

第四段,减弱段。位于 39 线以东,构造明显减弱,单条次级断裂带变窄,相应矿化蚀变强度减弱,与整个断裂带走向基本一致。

4.4.2　剖面特征

北东向断裂在 0~19 线各剖面上,上、下部断裂带基本平行向下延伸,倾角较稳定。整个断裂带厚度变化不大,为 20~50 m;而在 21~39 线,各次级断裂带由上向下略有撒开趋势。特别自 27~39 线,上部断裂带和下部断裂带由上向下分开很明显,37 线和 39 线Ⅰ号和Ⅱ号次级断裂带也有向下分开的特点。

单条次级断裂带在不同剖面上产状不一致,有的剖面上,断裂沿倾向倾角稳定,如 39 线Ⅰ号次级断裂带。有的剖面沿倾向倾角变化较大,呈"圆滑的折线状",如 35 线Ⅰ号次级断裂带。

通过各剖面对比可见,21 线以东到 41 线,各次级断裂构造带有自南西向北东,由上向下逐渐撒开的趋势。该组断裂沿倾向和走向均有分枝复合特征(见图 4-10)。

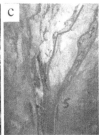

图 4-10　各脉体分枝复合特征

(a)36.5 线Ⅰ号脉沿走向分枝复合;(b)37 线碳酸盐脉分枝复合;(c)Ⅴ号脉沿倾向分枝复合

4.4.3　成矿作用分析

上宫金矿区成矿作用及已探明的主要矿体均与其构造蚀变带有着密切的关系。

1.成矿期断裂的局部引张和挤压是矿化空间变化的重要因素

成矿期扭性构造活动对追踪张性断裂面改造后呈圆滑的折线状。由于平面上成矿期断裂具反扭运动,故断裂走向向北偏转部位是相对引张部位,矿体厚度大,品位高。断裂相对向东偏转部位是挤压部位,矿体厚度薄,矿化弱。这种规律大到整个构造带,小到一个矿体或一个矿体的某一段均具此种现象(见图 4-11)。

北东向断裂,在 21 线以西收敛段内,总体走向 50°~60°,21 线以东递变段和平行段内,整个构造带向北偏转,因此 21 线以东构造带总体矿化比 21 线以西矿化规模、矿体连续性要好些。

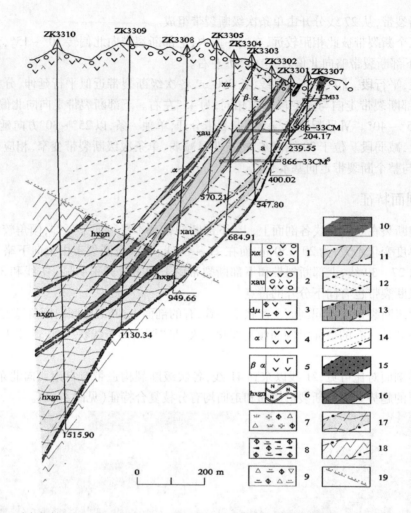

1—Xα 杏仁状安山岩；2—Xαμ 杏仁斑状安山岩；3—du 碎裂绢云铁白云石化安山岩；4—α 安山岩；
5—βα 次玄武安山岩；6—hxgn 次玄武安山岩；7—含金铁白云石石英蚀变角砾岩；8—绢云铁白云石
蚀变碎裂岩；9—绢云铁白云石蚀变角砾岩；10—含金硫化物铁白云石绢云母石英硅化带；11—弱绿泥
石化绢云母铁白云石化带；12—弱铁白云石绿泥石化带；13—赤铁矿化带；14—太华群与熊耳群分界
线；15—褐铁矿化带；16—含金硫化物绢云母石英硅化带；17—弱绿泥石化绢云母化钾长石化铁白云
石化带；18—弱钾长石化绿泥石化碳酸盐化带；19—太华群与熊耳群分界线

图 4-11　上宫金矿区 33 线构造与蚀变分带剖面（河南地矿一院，2015）

　　21 线以东递变段和平行段内，上部断裂带相对 21 线以西收敛段向北偏转 10°~15°，走向 40°~45°。21~39 线上部断裂带处于相对引张部位。因此，Ⅳ号矿带内矿体在 21 线以东厚度大，平均厚度为 1.71 m。21 线以西，相对为挤压环境，Ⅳ号矿带内矿体厚度薄，平均厚度为 0.98 m，Ⅴ号矿带内矿体仅赋存在 21 线以东，具有矿化连续性最好（为矿区最大矿体）储量多的特点。

　　下部断裂带在 21 线以东递变段内略向北偏转，在平行段 33~39 线内向北偏转 10°~15°，因此下部构造带的Ⅰ、Ⅱ、Ⅲ号矿带在 21 线以东亦比 21 线以西矿好，特别在 35~37 线，Ⅰ、Ⅱ号矿带矿化最好。

　　由于受压扭性构造控制，单个矿体具尖灭再现和分段富集特征。如Ⅰ号次级断裂构造带在5~7线向北偏转26°,形成了以5~7线为中心的孤立矿体(见图4-12),Ⅰ和Ⅱ号矿带在21~31线1 191 m中段也具有同样特征(见图4-13)。

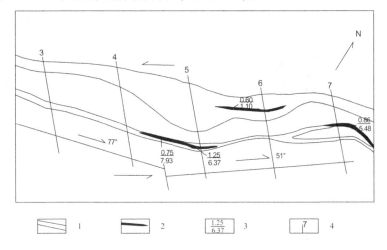

1—断裂带;2—金矿体;3—矿体厚度/平均品位;4—勘探线及编号

图4-12　上宫金矿3~7线断裂产状变化与矿体分布关系

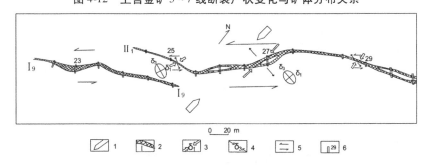

1—区域应力场;2—金矿体及编号;3—压应力方向;
4—张应力方向;5—扭应力方向;6—穿脉及勘探线编号

图4-13　上宫金矿21~31线1 191 m中段矿体及构造应力分析

Ⅵ号断裂带在27~49线向北偏转,27~33线内相对引张,矿化较好。33~49线引张减弱断裂带变窄,矿化较差。

北东向断裂在倾向上也表现出压扭性改造张性锯齿状断裂结构面的特征,使原张性结构面呈圆滑的折线状。成矿期上盘相对上升,造成倾向上产状由陡变缓部位是断裂引张部位,也恰是矿化相对富集部位,由缓变陡部位是相对挤压部位,矿化差。在21~33线Ⅰ号矿带内的无矿天窗部位,恰是各剖面上断裂厚度小、倾角稳定、陡倾的部位。

2.断裂面形态变化与矿化富集关系

前已指出,主断面无论沿走向还是倾向均呈舒缓波状。为查明主断面的三维形态变化与矿化富集及成矿作用的空间关系,以F1-Ⅰ号含矿带为例,以01号勘探线、500 m水平面为基准,勘探线间距为100 m,并结合所有钻探工程统计了112个控制点,对断裂面形态进行三维模拟,结果显示,主断面在三维空间上总体为一凹凸变化的波状结构面(见图4-14),在波状结构面的一定位置上,发育张性、张扭性裂隙和破碎带,这些减压空间正是金矿体赋存的有利场所。结合勘探线剖面图及F1-Ⅰ号矿脉金品位变化图(见图4-15),可发现富矿体大部分均产在断裂面的凹凸转换部位,这与前述断裂产状与矿化富集的关系是一致的。

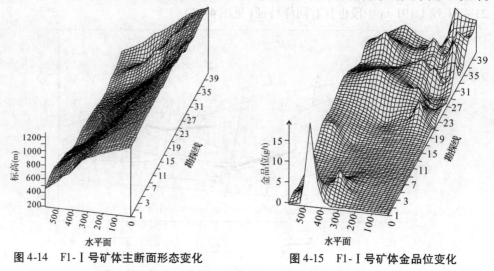

图 4-14　F1-Ⅰ号矿体主断面形态变化　　　　　图 4-15　F1-Ⅰ号矿体金品位变化

3.断裂分枝复合部位是矿化富集部位

成矿构造带的递变段内,分枝复合现象多见,矿化相对富集。次级断裂构造内分枝复合部位角砾岩带厚度大,成矿热液渗透性强,为矿化富集有利地段。如 F1-Ⅲ号次级断裂带,在 33 线 1 200 m 标高具分枝复合和 35 线 930 m 标高与 F1-Ⅱ次级断裂构造带复合,因此 F1-Ⅲ$_6$号矿体在 33 ~ 35 线形成柱状矿化富集中心。F1-Ⅰ号矿带 F1-Ⅰ$_{12}$矿体在 35 ~ 37 线的矿柱形成与剖面上 F1-Ⅰ、F1-Ⅱ号构造带在 35 ~ 37 线复合有关。

4.5　成矿与控矿规律小结

(1)北东向断裂的产状、破碎带的规模基本控制了矿体的产出位置、规模大小和形态特征。根据成矿控矿断裂的平面分布特征,断裂群向 NE 方向呈帚状撒开的马尾状形态特征,相应地使矿脉由南西方向的Ⅰ号脉分枝为Ⅰ号和Ⅳ号脉,并最终分枝为 F1-Ⅰ、Ⅱ、Ⅲ、Ⅳ、Ⅴ、Ⅵ号脉。在矿区北东部六条矿带之间呈似等距分布,相邻矿带之间虽有分枝复合现象,但总体走向相同,相邻矿带之间平均距离为 15 ~ 40 m。

(2)构造对成矿的控制作用表现在以下三个方面:①康山—上宫断裂及其次级断裂构成延伸深度大、贯通性好的断裂密集带,为深源含金流体的上升提供了运移通道;②构造应力为成矿流体的运移提供了动力;③次级构造破碎带为矿液的聚集和矿体的定位提供了场所。

(3)构造对矿化富集的控制。

①成矿期(前)构造强度大、围岩破碎程度大的地段矿化较宽;破碎带较窄的地段矿化较窄,但平均品位相对较高。值得注意的是,含矿的构造破碎带是控矿断裂多期活动的结果,成矿前和成矿期的构造活动越强,构造带中的岩石破碎越强烈,越有利于矿液的充填交代和矿体的定位,对成矿有利;而成矿后的断裂活动主要使构造带内岩石进一步发生挤压破碎和泥砾岩化,对成矿无重要意义。因此,并不是所有构造破碎强烈的地段均有利于成矿,

应仔细考察破碎带内矿体完整与否,进而区分该构造破碎带主要是成矿期(前)构造运动的结果还是成矿后构造运动的结果。

②同一构造破碎带中的强应变域内矿化较强,弱应变域内矿化较弱,这是由于弱应变域内裂隙相对不发育,对成矿不利。

③断裂分枝复合地段,常常破碎强烈,易于矿化富集(见图4-9)。

④由于成矿期断裂活动主要为逆冲性质,因此控矿断裂倾角由陡变缓部位为矿脉增厚部位(见图4-2、图4-3、图4-12、图4-13),矿化强,易形成富矿段。

(4)构造岩的类型及其破碎程度决定着成矿的构造环境和成矿的方式。本区构造岩有碎裂岩、角砾岩和泥砾岩,其中碎裂岩内矿化较弱,角砾岩、泥砾岩内矿化较强,形成对应的构造碎裂岩型、构造角砾岩型、构造泥砾岩型矿石。成矿方式以交代成矿为主。

(5)断裂构造多期次活动,控制了成矿作用的演化,导致了矿化多阶段发育及其在空间上的相互叠加和改造。控矿断裂在成矿期的三次脉动对应着热液期三个阶段的矿化,其中第二次脉动最为强烈,对应着主体的成矿阶段。

(6)成矿控矿断裂在成矿之后仍有活动,其强度相对较大,但由于没有伴随流体活动,因此对矿体只有挤压破碎和泥砾岩化作用,而没有明显的矿质淋滤和流失。在矿区23线Ⅳ号构造带见有一条北西向小断裂,倾向65°,倾角64°,长小于10 m,宽5～10 m,错断Ⅳ号矿带中的石英脉。上盘上升,断距1.4 m,这是矿区地表见到的垂直矿体或斜切矿体的断距最大的破矿构造。

第5章 围岩蚀变特征

在构造蚀变岩型金矿中,矿床的围岩蚀变及矿化分带具有普遍性和一定的规律性,它们蕴含着丰富的成矿信息,对围岩蚀变的研究能揭示成矿时的物理化学条件、含矿热液的性质和演化规律、成矿元素的迁移和矿质沉淀的重要信息。因此,围岩蚀变研究是金矿找矿地质研究中的一个重要内容。围岩蚀变是含矿热液与围岩相互作用(水–岩反应)的产物(翟裕生等,2011),宏观上表现为不同类型的围岩蚀变,即围岩的颜色、体积、密度、结构构造及矿物成分的变化,微观上表现为元素的带入带出。本次主要从上宫金矿的围岩蚀变类型、围岩蚀变分带特征、围岩蚀变元素地球化学行为、金矿化与蚀变的关系等方面进行研究和讨论。

5.1 围岩蚀变类型

上宫金矿床围岩成矿前普遍遭受弱自变质作用,安山岩、玄武安山岩的斜长石弱绢云母化、钠黝帘石化,辉石、角闪石等铁镁矿物多次闪石化、帘石化、绿泥石化等。

上宫金矿床成矿期围岩蚀变强烈,蚀变类型复杂,是由于不同地段围岩结构构造的差异、不同成矿阶段蚀变强度和蚀变矿物组合的差异及其在空间上的叠加所致,具有多次脉动、叠加的特点。蚀变矿物分别呈浸染状、脉团状、透镜状、脉状及细网脉状等产出。主要蚀变类型有硅化、碳酸盐化、黄铁矿化、绢云母化、钾长石化、绿泥石化、赤铁矿化,次为绿帘石化、伊利石化、萤石化,以及少量的重晶石化。主要蚀变特征分述如下。

5.1.1 上宫金矿区熊耳群安山岩类围岩蚀变类型

1. 硅化

在上宫金矿床中较为发育,主要分布于构造破碎带内,具体表现为含矿热液交代或充填各类构造岩形成硅化岩石和石英脉等。其具有多期次的特点,根据野外及室内镜下观察,大体上可分为三个阶段:早阶段表现为粗—中粗粒、乳白色的石英,粒径 0.3 ~ 10 mm 的不规则粒状、柱状及规则脉状、细脉状、透镜状,沿断裂及岩石裂隙交代产出,受较晚构造作用破坏,碎裂或破碎成角砾被后期的铁白云石、方解石、黄铁矿、石英、绿泥石等穿插交代或胶结(见图 5-1(a));中阶段石英发生强烈变形或破碎,呈自形、半自形的板条状或柱粒状(见图 5-1(b)),部分可见火焰状消光,常与黄铁矿、绢云母、铁白云石、白云石等密切共生(见图 5-1(c)),该阶段石英与金矿化关系密切;晚阶段硅化与方解石、白云石等碳酸盐矿物形成大小不等石英–碳酸盐细脉或网脉(见图 5-1(d)),为成矿晚阶段蚀变,与金矿化关系不大。

2. 碳酸盐化

碳酸盐化也是矿区内较为普遍的一种蚀变类型,经 X 粉晶衍射测试可知,主要以白云石、铁白云石、方解石、菱锌矿等矿物形式出现。镜下以无色透明、闪突起显著、高级白干涉色为鉴别特征,其变种在镜下较难区分,铁白云石常氧化为暗褐色,具环带状构造(见图 5-1

(e))。碳酸盐化具多阶段性(见图5-1(f)),大致也可以划分为三个阶段:早阶段以铁白云石化为主,多分布于矿体或不含矿的石英脉两侧,局部与绢云母较均匀交织(见图5-1(g)),不均匀地伴有绿泥石集合体及零星的石英等,偶见黄铁矿;中阶段为以金为主的成矿阶段,铁白云石呈他形晶不规则粒状,粒径为0.1~3 mm,以不规则脉状、细脉状及团块状集合体分布于角砾岩胶结物及角砾裂隙中,部分分布于碎裂岩中,对同期硅化石英有破坏作用(见图5-1(h)),在Ⅴ号脉体中可见粗粒铁白云石与方铅矿形成角砾状金矿石(见图5-1(i));晚阶段碳酸盐化强烈,与石英等呈脉状分布于岩石裂隙中(见图5-1(d))。

图5-1 围岩蚀变类型

(a)早阶段石英角砾;(b)中阶段柱粒状硅化石英;(c)黄铁矿、绢云母、石英、铁白云石共生;(d)网脉状石英–碳酸盐脉;(e)铁白云石环带构造;(f)碳酸盐脉穿插碳酸盐化岩石;(g)绢云母、铁白云石均匀交织;(h)碳酸盐脉穿插硅化石英;(i)Ⅴ号脉铁白云石化,可见方铅矿

3.绢云母化

绢云母化在矿区各类岩石中也较为发育,为一种中温热液交代蚀变,镜下呈细小鳞片状,干涉色鲜艳明亮,多为二级到三级。矿区绢云母化也具多期次、多阶段的特征,成矿前期绢云母化主要由长石类矿物受热液交代蚀变作用而生成,此外还生成斜黝帘石、绿泥石等,并保留有斜长石板状晶形的假象(见图5-2(a))。成矿期绢云母化表现为:在成矿早阶段与同期碳酸盐化伴生(见图5-1(g)),分布于矿体及不含矿的石英脉两侧;中阶段绢云母多与黄铁矿、石英形成黄铁绢英岩化分布于角砾、碎斑及其裂隙中,形成品位较高的角砾岩型或蚀变碎裂岩型矿石(见图5-2(b));晚阶段绢云母化较弱。

4.黄铁矿化

黄铁矿化是本区最为普遍的热液蚀变之一,其发育期次多(见图5-3(a)、(b)),主要包括:成矿早阶段的粗粒立方体黄铁矿,主要分布于围岩及早期石英脉中;成矿中阶段细粒五

图 5-2　绢云母化

(a)斜长石斑晶发生绢云母化、绿泥石化；(b)中阶段绢云母与黄铁矿共生

角十二面体黄铁矿、少数呈半自形晶微粒，呈浸染状分布，与绢云母、石英密切共生(见图 5-3(c))，与金矿化关系密切；成矿晚阶段黄铁矿不发育，零星分布于石英 – 碳酸盐网脉中或呈黄铁矿 – 绿泥石细脉穿插矿石(见图 5-3(d))。

5. 绿泥石化

绿泥石化是一种重要的中 – 低温蚀变作用，主要由岩石中铁镁矿物经热液交代蚀变形成，熊耳群安山岩中基质及斜长石斑晶均发生了绿泥石化，镜下绿泥石呈浅黄 – 绿色，干涉色不高，常见靛蓝、褐锈等异常干涉色。成矿前期绿泥石化主要是火山岩中基质和斑晶发生不同程度的交代蚀变而成。成矿期绿泥石化主要发育于成矿的中阶段和晚阶段，二者具不同的产状。成矿中阶段绿泥石常与绢云母呈显微鳞片状均匀交织在一起，并伴有不均匀的铁白云石微晶及零星石英(见图 5-4(c))；晚阶段主要表现为绿泥石脉分布于岩石裂隙中(见图 5-4(d))，部分地段可见绿泥石与黄铁矿形成细脉分布于矿体中(见图 5-3(d))，镜下可见绿泥石呈细脉状分布于碳酸盐中。

6. 赤铁矿化

赤铁矿化是一种中、低温热液蚀变，形成较晚，主要发育于蚀变带边部，在坑道中可见分布于石英碳酸盐脉边缘，此类蚀变通常使岩石呈红色，透射光下可见呈红色片状分布。

5.1.2　上宫金矿区太华群片麻岩类围岩蚀变类型

1. 硅化

硅化主要分布于构造破碎带内，具体表现为含矿热液交代或充填各类构造岩形成硅化岩石和石英脉等。其具有多期次的特点，根据野外及室内镜下观察，大体上可分为三个阶段：早阶段表现为粗—中粗粒、乳白色的石英，粒径 0.3 ~ 10 mm 的不规则粒状、柱状及规则脉状、细脉状、透镜状，沿断裂及岩石裂隙交代产出，受较晚构造作用破坏，碎裂或破碎成角砾被后期的铁白云石、方解石、黄铁矿、石英、绿泥石等穿插交代或胶结；中阶段石英发生强烈变形或破碎，呈自形、半自形的板条状或柱粒状部分可见火焰状消光，常与黄铁矿、绢云母、铁白云石、白云石等密切共生，该阶段石英与金矿化关系密切。

2. 钾长石化

钾长石化是一种高温交代蚀变作用，该类型蚀变上宫金矿的坑道工程中发现较少，主要在深部钻孔中见到，如 ZK1508 的 840 ~ 865 m 处发现较多的钾长石化现象，经镜下观察鉴

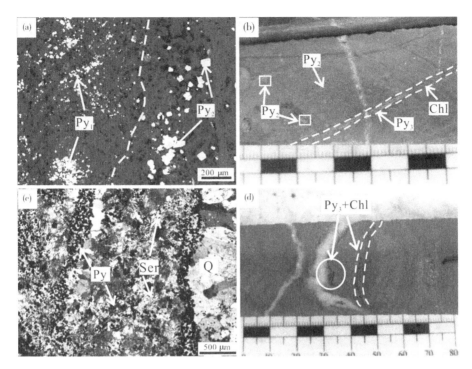

图 5-3　黄铁矿化
（a）早阶段和中阶段黄铁矿;（b）中阶段黄铁矿和晚阶段黄铁矿脉;
（c）浸染状黄铁矿化;（d）晚阶段黄铁矿 – 绿泥石细脉穿插矿石

定为微斜长石（见图 5-4（a）、（b）），与早阶段石英密切共生。钾元素是地壳中分布最广的造岩元素之一，也是地球化学性质最为活泼的碱金属元素，在成矿溶液中对许多成矿元素具有强烈的活化转移能力。

3.绿泥石化

绿泥石化主要由岩石中铁镁矿物经热液交代蚀变形成，太华群片麻岩中角闪石、黑云母被绿泥石交代，镜下绿泥石呈浅黄 – 绿色，干涉色不高，常见靛蓝、褐锈等异常干涉色。矿区内绿泥石化具多期次、多阶段特征。成矿中阶段绿泥石常与绢云母呈显微鳞片状均匀交织在一起，并伴有不均匀的铁白云石微晶及零星石英（见图 5-4（c））;晚阶段主要表现为绿泥石脉分布于岩石裂隙中（见图 5-4（d）），部分地段可见绿泥石与黄铁矿形成细脉分布于矿体中（见图 5-4（d）），镜下可见绿泥石呈细脉状分布于碳酸盐中。

4.绢云母化

绢云母化在矿区各类岩石中也较为发育，为一种中温热液交代蚀变，镜下呈细小鳞片状，干涉色鲜艳明亮，多为二级到三级。矿区绢云母化也具多期次、多阶段的特征，成矿前期绢云母化主要由长石类矿物受热液交代蚀变作用而生成，此外还生成斜黝帘石、绿泥石等，并保留有斜长石板状晶形的假象（见图 5-2（a））。成矿期绢云母化表现为:在成矿早阶段与同期碳酸盐化伴生（见图 5-1（g）），分布于矿体及不含矿的石英脉两侧;中阶段绢云母多与黄铁矿、石英形成黄铁绢英岩化分布于角砾、碎斑及其裂隙中，形成品位较高的角砾岩型或蚀变碎裂岩型矿石（见图 5-2（b））;晚阶段绢云母化较弱。

总体来说，各类型的金矿围岩，无论是中基性—中酸性的熊耳山群火山岩，还是太华超

图5-4　围岩蚀变类型

(a)钾长石化、绿泥石化、硅化;(b)微斜长石,石英(+);

(c)绿泥石、铁白云石及石英不均匀交织(+);(d)晚阶段绿泥石化

群片麻岩,近矿岩石均普遍发育上述不同类型的蚀变,但由于不同地段的围岩的物理化学性质、热液的组分及裂隙发育程度的差异,使得蚀变的强度和蚀变矿物组合有所不同。通过对围岩蚀变的野外观察和室内研究,上宫金矿区围岩蚀变是热液多期次活动的结果,成矿前期,在火山岩形成的晚期,岩石中大量挥发分由气态转化为液态,不同程度地交代岩石中基质和斑晶,使之部分或全部被新生蚀变矿物交代或取代,主要蚀变有斜黝帘石、绢云母、绿泥石等。在成矿早阶段,围岩蚀变主要表现为硅化、黄铁矿化、铁白云石化及少量的绢云母化;成矿中阶段是主成矿阶段,黄铁绢英岩化较为发育,此外铁白云石化也较为发育,粒状铁白云石多与方铅矿、闪锌矿及黄铜矿、黝铜矿等密切共生;晚阶段碳酸盐化较为发育,可见少量黄铁矿-绿泥石细脉、石英-萤石细脉穿插矿石。

5.1.3　七里坪金矿区围岩蚀变类型

七里坪金银矿的近矿围岩主要表现为强烈的绢云母化,随远离蚀变带,绢云母化逐渐减弱,绿泥石化逐渐增强,火山岩的变余斑状结构或变余火山碎屑结构比较明显,但铁白云石化不发育,仅普遍发育弱的方解石化。矿体表现为破碎的石英脉型或蚀变岩型,矿体也表现为多期破碎现象。

成矿作用几乎全部限制在断裂带中的部分断层中,但蚀变带发育宽度不大,由于成矿作用前后断层的多期性活动,早期的蚀变有受后期断裂的破坏或后期蚀变的叠加,由于原生的蚀变分带都受到叠加、破坏和改造,难以研究成矿作用时的原生蚀变分带,但主要的蚀变作用基本可以识别。显微镜下岩石和矿石的岩相学鉴定主要的蚀变作用和发育特征如下:

1. 绢云母化

绢云母化发育在近矿围岩中,岩石的破碎现象不明显,原火山岩的结构构造完全保留,表现为火山岩中斜长石的强烈绢云母化,斜长石斑晶或晶屑几乎全部被绢云母取代,除绢云母集合体外形保留斜长石的晶形外,内部没有任何斜长石的特征,在基质中斜长石也强烈绢云母化(见图5-5)。强烈绢云母化的近矿围岩一般没有伴随面型的石英和黄铁矿化,仅部分样品中有稀疏石英或碳酸盐矿物脉,可能是后期的蚀变作用叠加。随远离矿体,岩石逐渐变为青盘岩化的火山岩,斜长石显示出聚片双晶的特征。

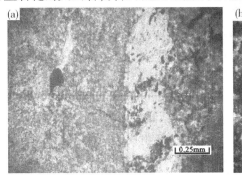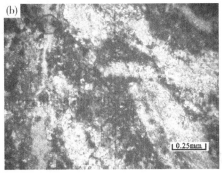

图 5-5　主要出现在近矿围岩中的纯绢云母化现象正交偏光照片

(a)矿体围岩(安山岩)斑晶和基质发生的强烈绢云母化;(b)739 中段坑道
矿体围岩中斜长石全部被绢云母交代、部分绿泥石化现象正交偏光照片

2. 硅化

硅化的发育范围也比较广,而且具有多期次的特点。矿体中部分矿石中主要呈角砾状石英集合体,多期破碎现象明显,部分为不连续脉状。成矿作用之前可能主要发育部分断裂充填型石英脉,成矿时石英脉强烈破碎,绢云母黄铁矿化时伴随硅化,部分沿早期石英的破碎裂隙发生硅化,早期石英脉呈具强烈波状消光的角砾状集合体,微粒石英、绢云母和黄铁矿充填在破碎石英脉的角砾间。

晚期石英呈不连续脉状或团块状,波状消光不明显。部分石英非常自形,部分样品中出现石英的生长环带或再生加大现象(见图5-6)。在脉状或团块中石英中局部出现有闪锌矿、方铅矿、黄铜矿。推测主成矿期的黄铁绢英岩化出现在早期的压扭性破碎阶段,之后又有多次张性或张扭性破碎,形成部分自形石英,而闪锌矿、方铅矿和黄铜矿化出现在晚期的张性破碎的硅化阶段。近矿围岩中主要是出现不连续的微裂隙型石英脉,但发育宽度不大。

3. 绿泥石化

绿泥石化在火山岩中普遍发育,矿体中一般不见绿泥石,在近矿围岩中主要表现为火山岩基质中绿泥石含量增加,在变余的斜长石斑晶中局部出现裂隙型绿泥石脉。围岩中成矿时的绿泥石化与成矿前岩石的绿泥石化不易明确区分,成矿时绿泥石化强度不大,在矿石中可以见到在早期绢云母化之上叠加绿泥石化,部分绢云母被绿泥石交代。在大的石英脉碎粒中绿泥石形成单独的绿泥石脉或含绿泥石的石英脉,前者明显晚于后者,也可能是早期绢云母石英脉中的绢云母被绿泥石交代。

4. 黄铁矿化

黄铁矿化主要在断裂蚀变带中发育,黄铁矿至少有三期(见图5-7),早期的黄铁矿粒度大,一般在 1 mm 以上,但很少见,且强烈破碎,裂隙发育,推测为成矿作用前原岩中的零星

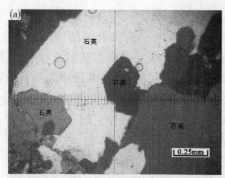

图 5-6　矿石中晚期硅化的自形石英、矿石一般含多金属硫化物

(a)739 中段坑道金矿石中早期石英破碎后黄铁绢英岩化,晚期石英均匀消光,表现
为半自形、自形,应该为张性环境下形成;(b)799 中段坑道银矿石破碎早期硅化、绢云母
化安山岩中晚期含方铅矿团块中有自形石英现象正交偏光照片

黄铁矿。绝大多数黄铁矿出现在矿化带的中心部位,呈微晶自形粒状,五角十二面体晶形,粒度一般在 0.02 mm 左右,与微晶绢云母和少量石英一起组成微晶状集合体,分布在破碎石英脉体或铁白云石脉体之间,集合体明显为经历了多次破碎的角砾或碎基。晚期的黄铁矿为自形或半自形,没有破碎现象,粒度一般在 0.2 mm 左右,分布在铁白云石角砾或脉体中,在有闪锌矿、黄铜矿和方铅矿化的矿石中,也有被这些多金属硫化物包裹的黄铁矿,含量不多。应该为后期铁白云石化或多金属硫化物矿化时活化早期的黄铁矿组分形成,黄铁矿可能与铁白云石一样具有多次形成的特点。黄铁矿是本区金的主要载体矿物,所以微晶黄铁绢英岩化应该是本区金的主要成矿期。

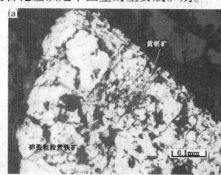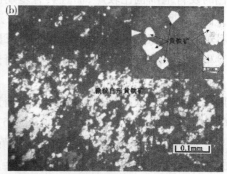

图 5-7　矿石中明显不同的三期黄铁矿正交偏光照片

(a)799 中段坑道矿石中早期的粗粒黄铁矿,破碎裂隙中充填有黄铜矿、辉银矿;(b)799
中段坑道银矿石微细粒黄铁矿集合体与中粒度较大的自形黄铁矿出现在同一光片中的
正交偏光照片

5. 闪锌矿、黄铜矿化和方铅矿化

闪锌矿、黄铜矿和方铅矿化往往同时出现,尤其是方铅矿和闪锌矿,因而构成银的工业矿体。七里坪银矿床中的矿石主要是碎裂石英脉型矿石,矿石矿物主要是闪锌矿、方铅矿、黄铁矿、黄铜矿,脉石矿物主要为石英,其次为绢云母、绿泥石和方解石,部分矿石中出现非常自形的石英。闪锌矿、方铅矿和黄铜矿通常出现在石英脉或石英颗粒的间隙中,闪锌矿粒度比较大,但多呈破碎的角砾状团块集合体,矿物内部裂隙发育。黄铜矿和方铅矿多交代闪锌矿或充填闪锌矿的裂隙(见图 5-8)。银的载体矿物主要是方铅矿,在方铅矿中可见乳滴

状辉银矿,部分有出溶的叶片状硫银矿。其他银金矿物也比较多见,多充填在其他矿物的间隙中。

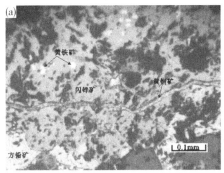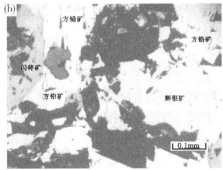

图 5-8 银矿矿石中矿石矿物之间的相互关系

(a)799 中段坑道银矿石中方铅矿沿边部交代,黄铜矿充填闪锌矿的裂隙,黄铁矿在闪锌矿中呈碎粒;(b)739 中段坑道银矿石中方铅矿交代包裹闪锌矿,方铅矿中的大颗粒度辉银矿的单偏光光片

闪锌矿、黄铜矿和方铅矿化与硅化关系密切,一般出现在石英脉体中或脉体的附近。与闪锌矿、黄铜矿和方铅矿关系密切的石英一般粒度比较大,矿石中石英的变形弱,不均匀消光现象不发育,但有碎裂作用,这期石英明显为金的主成矿作用后又一期比较强的硅化作用,但分布范围有限,闪锌矿出现在石英颗粒的间隙中或夹在石英脉中,出现部分比较自形的石英或再生加大的石英。闪锌矿、黄铜矿和方铅矿有明显的先后生成顺序,闪锌矿一般随石英脉一起破碎,黄铜矿可在闪锌矿中呈乳滴状或裂隙型脉状,在部分石英脉中呈脉状,方铅矿交代或包裹闪锌矿或黄铜矿。说明闪锌矿化比较早,闪锌矿形成后有一次破碎作用,之后形成黄铜矿和方铅矿,黄铜矿和方铅矿没有明显的破碎现象。

6. 方解石化

方解石化比较弱,是最晚的蚀变作用,主要呈细脉状分布在矿脉以及矿脉的近矿围岩中。

综合以上特征分析,七里坪银矿蚀变作用早期主要是强烈的绢云母化和裂隙型硅化,同时伴随有黄铁矿和磁铁矿,但矿化弱,没有形成工业矿床。后发生张性或张扭性破碎,伴随着比较强的含矿热液活动,主要发育强的碳酸盐化和铁锌矿化,且有弱硅化,由于热液活动形成部分自形的石英和黄铁矿,晚期主要发育绿泥石化,并有少量黄铜矿和大量方铅矿形成,表明银的矿化主要在晚期。

闪锌矿、方铅矿和黄铜矿化普遍存在,但成矿作用明显要晚,与金的成矿作用不同期,而且也晚于大规模的铁白云石化,应该出现在铁白云石化较晚期的一次碎裂和硅化作用,而且明显为张性破碎的环境下形成,出现多金属矿化的矿石中石英的再生加大比较常见,而且出现许多全自形的石英颗粒,说明有充足的自由生长空间。在多个样品中闪锌矿出现在石英碳酸盐脉体中。多金属硫化物矿化后还有过破碎,部分矿石中多金属硫化物集合体在碳酸盐矿物中呈角砾。

黄铁矿在所有矿床中都出现,黄铁矿明显有三期,早期为粒度粗大的黄铁矿,裂隙中充填其他矿物,包裹裂隙黄铜矿。中期为金矿化时黄铁绢英岩化形成的黄铁矿,几乎全部为粒度非常细的微粒黄铁矿,通常出现在绢云母富集的团块中。晚期为出现在碳酸盐脉体或晚期石英脉体中的颗粒较大的自形黄铁矿,没有破碎现象,可能是晚期碳酸盐化和硅化期活化部分早期黄铁矿物质再结晶形成的。

多金属硫化物中，闪锌矿形成早，可见黄铜矿在闪锌矿中呈裂隙脉形式出现，方铅矿和黄铜矿形成晚，二者有连生，但难以确定先后，在方铅矿中常见辉银矿。

5.2　围岩蚀变分带

上宫金矿区的围岩蚀变在时间上有一定的先后顺序，但在空间上表现出一定的分带性的同时又具有相互叠加的特点，受星星阴—上宫断裂带控制的成矿热液对两侧化学性质比较接近的围岩交变作用结果相近。从野外观察和室内岩矿鉴定及全岩 X 射线粉晶衍射分析，可以看出，不管围岩是熊耳群火山岩还是太华群的片麻岩，从矿体到断裂构造带两侧围岩，蚀变具有较为明显的分带。

5.2.1　熊耳群火山岩矿化蚀变分带特征

在熊耳群火山岩中，从矿体到围岩(见图 5-9 ~ 图 5-14)蚀变分带如下。

1. 含金硫化物 - 铁白云石 - 绢云母 - 石英带

严格受断裂构造控制，其规模、形态及产状与断裂构造基本一致。蚀变带宽度一般为 1 ~ 3 m，窄者为 0.5 ~ 1 m，宽者达 5 ~ 10 m。该蚀变带由不同阶段、不同强度和性质的蚀变作用形成，成分比较复杂。围岩受应力作用及黄铁绢英岩化、多金属铁白云石化等蚀变矿化作用，变为不同矿化蚀变类型的角砾岩及碎裂岩、糜棱岩等。部分地段围岩经矿化蚀变，可成为该蚀变带的一部分。部分地段金已达工业要求，构成不同类型的金矿石及规模不等的金矿体。

岩石呈浅灰 - 灰白色，原岩面貌不清，具碎裂、糜棱结构，块状、角砾状构造，主要矿物成分为石英、绢云母、铁白云石、白云石，次为绿泥石、方解石、黄铁矿、方铅矿、闪锌矿、黄铜矿、黝铜矿、自然金、银金矿及碲金矿等，金品位为 $(2.9 \sim 9.31) \times 10^{-6}$。

2. 弱(绿泥石) - 绢云母 - 铁白云石化带

主要分布于前者外侧，与含金带直接接触，呈不规则带状，较为发育和稳定，宽度一般为 3 ~ 20 m，部分地段 25 ~ 50 m 和 1 ~ 3 m。该蚀变带常有较多铁白云石细脉、细网脉及零星含金多金属铁白云石细脉穿插、交代，当后者相对较多时，可形成低品位金矿石。

岩石呈灰色 - 浅灰绿色，原岩结构部分保留或消失，具变余碎裂结构，块状构造，主要矿物成分伊利石、铁白云石、绢云母、绿泥石等，次为斜长石、方解石、菱锌矿等，偶见黄铁矿，金品位为 $(0.002 \sim 0.15) \times 10^{-6}$。

3. 弱铁白云石 - 绿泥石化带

该带为蚀变带的边部带，分布广、宽度大、蚀变弱，以铁白云石细脉、细网脉为主，零星见到分别由石英 - 铁白云石、石英、绿泥石、绿帘石、方解石、绢云母、重晶石等构成的细脉。

岩石呈灰绿色，原岩结构未破坏，斑晶斜长石多发生泥化、绢云母化、绿泥石化，基质具交织、玻晶交织结构，微晶斜长石也发生不同程度的蚀变。具块状构造、杏仁状构造，主要矿物成分为绿泥石、铁白云石、伊利石、石英、斜长石等，次为方解石、绢云母、绿帘石等。

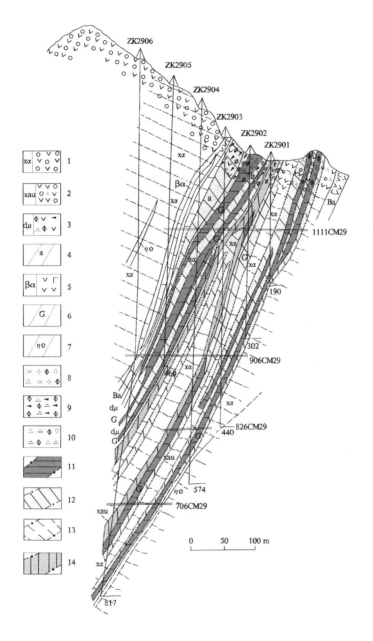

1—xα 杏仁状安山岩；2—xau 杏仁斑状安山岩；3—dμ 碎裂绢云铁白云石化安山岩；4—a 安山岩；5—βα 次玄武安山岩；6—G 蚀变构造岩；7—ηo 角砾石英二长岩；8—含金铁白云石石英蚀变角砾岩；9—绢云铁白云石蚀变碎裂岩；10—绢云铁白云石蚀变角砾岩；11—含金硫化物 - 铁白云石 - 绢云母 - 石英硅化带；12—弱绿泥石化 - 绢云母 - 铁白云石化带；13—较弱铁白云石 - 绿泥石化带；14—赤铁矿化带

图 5-9　宫金矿区 29 线构造与蚀变分带剖面

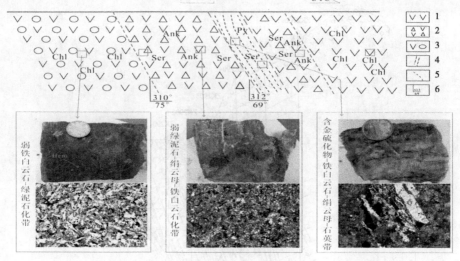

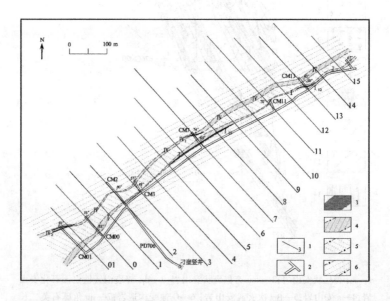

1—安山岩;2—碎裂安山岩;3—杏仁状安山岩;4—矿体;5—断裂;6—产状;
Chl—绿泥石;Ank—铁白云石;Ser—绢云母;Py—黄铁矿;Ill—赤铁矿;Sulfide—硫化物

图 5-10　746 中段 37.5 线 3 号脉围岩蚀变分带及采样位置

1—勘探线位置及编号;2—坑探工程位置及编号;3—含金硫化物－铁白云石－
绢云母－石英硅化带;4—弱绿泥石－绢云母－铁白云石化带;5—弱铁白云石－
绿泥石化带;6—青磐岩化带

图 5-11　上宫金矿区 706 中段构造与蚀变分带剖面

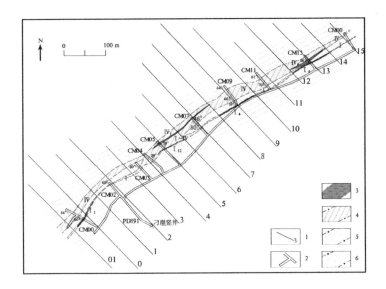

1—勘探线位置及编号；2—坑探工程位置及编号；3—含金硫化物－铁白云石－
绢云母－石英硅化带；4—弱绿泥石－绢云母－铁白云石化带；5—弱铁白云石－
绿泥石化带；6—青磐岩化带

图5-12 上宫金矿区891中段构造与蚀变分带剖面

图5-13 826中段37.5线3号脉围岩蚀变分带

图5-14 906中段3号掌子面围岩蚀变分带

4.赤铁矿化带

赤铁矿化带主要分布于弱绿泥石－绢云母－铁白云石化带及弱铁白云石－绿泥石化带
中，表现为较晚形成的褐红色土状、粉末状及微鳞片状赤铁矿沿岩石裂隙和矿物间隙、解理、
裂隙不均匀充填浸染，部分地段可集中成带（见图5-14），地表、近地表赤铁矿常分解变为黄
褐色－褐红色褐铁矿。

5.2.2 太华群蚀变分带特征

在太华群片麻岩中，从矿体到围岩蚀变分带如下（见表5-1、图5-15、图5-16）。

1.含金硫化物－绢云母－石英带

严格受断裂控制，蚀变带宽度为1.6~2.5 m，可见石英脉、铁白云石－石英脉、铁白云
石脉、多金属硫化物脉等多期脉体穿插，金品位较高，可达43.8×10^{-6}。岩石呈灰黑色，原

· 55 ·

岩结构消失,具碎裂结构,块状、网脉状构造,主要矿物成分为石英、伊利石、黄铁矿、绢云母及少量铁白云石、残余斜长石、白云母等(见图5-15(a)、(b),图5-16)。

表5-1　太华群中围岩蚀变分带特征

蚀变分带	主要蚀变类型	X粉晶衍射结果(%)						Au含量(×10⁻⁶)
		绿泥石	伊利石	石英	钾长石	铁白云石	黄铁矿	
含金硫化物 – 绢云母 – 石英带	绢云母化、黄铁矿化、硅化		35	40	5		20	43.8
弱绿泥石 – 绢云母 – 钾长石化 – 铁白云石带	钾长石化、铁白云化、绿泥石化、绢云母化	5~15	10~25	25~35	0~18	0~27		0.001~0.049
弱钾长石化 – 绿泥石化带	绿泥石化、钾长石化	5~20	10~20	18~28	0~7	0~13		0.001~0.003

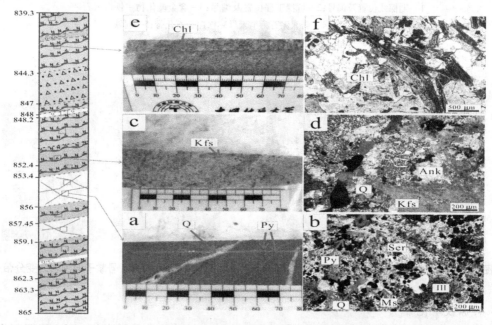

Chl—绿泥石;Ank—铁白云石;Ser—绢云母;Py—黄铁矿;Ill—赤铁矿;Kfs—钾长石

图5-15　ZK1508太华群围岩蚀变分带典型剖面

2. 弱绿泥石 – 绢云母 – 钾长石化 – 铁白云石化带

该带分布于前者两侧,与其直接接触,宽度为2~5 m,可见少量石英 – 铁白云石细脉。岩石主要呈浅灰绿色 – 灰白色(见图5-15(c)、(d)),原岩结构部分消失,块状构造,主要矿物成分为石英、铁白云石、钾长石、伊利石、绢云母等,次为绿泥石、菱锌矿、斜长石等。

3. 弱钾长石化 – 绿泥石化带

该带主要发育于蚀变带外侧,宽度约17.4 m,可见石英 – 钾长石脉。岩石主要呈灰绿色 – 灰黑色(见图5-15(e)、(f)),原岩结构未破坏或部分保留,具粒状变晶结构,片麻状构造,主要矿物成分为石英、斜长石、绿泥石、伊利石、钾长石、绢云母等,次为角闪石、白云母、方解石、白云石、绿帘石等。偶见黄铁矿。

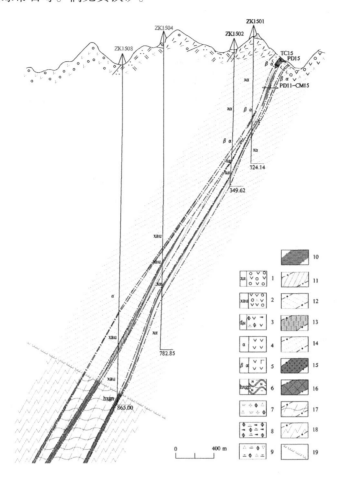

1—xα 杏仁状安山岩；2—xau 杏仁斑状安山岩；3—dμ 碎裂绢云铁白云石化安山岩；4—α 安山岩；
5—βα 次玄武安山岩；6—hxgn 片麻岩；7—含金铁白云石石英蚀变角砾岩；8—绢云铁白云石蚀
变碎裂岩；9—绢云铁白云石蚀变角砾岩；10.含金硫化物－铁白云石－绢云母石英化带；11—弱
绿泥石－绢云母－铁白云石化带；12—弱铁白云石－绿泥石化带；13—赤铁矿化带；14—青磐岩
化带；15—褐铁矿化带；16—含金硫化物－绢云母－石英带；17—弱绿泥石化－绢云母化－钾长
石化－铁白云石化带；18—弱钾长石化－绿泥石化带；19—太华群与熊耳群分界线

图 5-16 上宫金矿区 15 线构造与蚀变分带剖面

5.3 上宫金矿围岩蚀变地球化学特征

在含矿热液与围岩相互作用的过程中，必定伴随着物质组分的交换，流体与围岩通过元素的带入带出和新矿物的形成达到新的化学平衡。通过蚀变过程中组分得失的定量研究，分析蚀变过程中元素的活动规律，剖析成矿地球化学系统中元素的地球化学行为和分布、分配规律，为矿区外围及深部找矿提供理论依据。

5.3.1 样品采集、加工及测试

1. 样品采集

本次样品采集从 706 m、746 m、786 m、826 m 等中段及 ZK0105、ZK3308、ZK3906、ZK1508 等钻孔系统展开,选取典型围岩蚀变剖面,详细记录样品特征及取样位置,采样间距以自然层分层,多在 5～10 m,由于矿区内安山岩样品均发生了不同程度的蚀变,故选取矿区外围安山岩样品作为原岩样品。

2. 样品加工及测试

对所选测试样品经过粗碎—细碎—研磨至 200 目,该过程为无污染加工,对加工的样品,主量元素分析送武汉综合岩矿测试中心,微量元素分析在中国地质大学地质过程与矿产资源国家重点实验室进行测试分析,定量分析 52 种元素,其中主量元素分析时,样品置于 105 ℃烘箱烘干 2 h,再经 1 000 ℃煅烧熔融后进行玻璃熔片制定,然后用 XRF - 1800 波长扫描 X 射线荧光光谱仪测定。微量元素分析采用等离子质谱法(ICP - MS),所用仪器为美国 TJA 公司生产的 POEMS III 型等离子体质谱仪,测试过程中采用国际标准物质 AGV - 2、BHVO - 2、BCR - 2、RGM - 2 作为质量监控,精度优于 5%。贵金属元素 Au 采用火试金电感耦合等离子体发射光谱法测定。通过标准物质测试控制,各元素的测试结果均在允许的误差之内。因此,上宫矿区所采样品各元素分析结果真实可信,能够满足研究要求。测试数据见表 5-2～表 5-5。

5.3.2 元素质量迁移计算方法

1. 计算方法及原理

关于蚀变过程中的元素定量迁移,前人做了大量的研究工作。热液蚀变和韧性剪切变形经常缠扭在一起,因而不是等容(体积)体系(周永章等,1994)。围岩蚀变过程中岩石的体积和质量往往都有明显的变化,这种现象通常称为"闭合问题"(郭顺等, 2013),体系中某组分的含量变化不仅取决于开放过程中该组分的迁移程度,同时也受到其他组分迁移程度的影响(郭顺等,2013)。因此,需要对体系开放前后的地质样品进行质量平衡计算来消除总质量变化带来的影响(郭顺等,2013)。

质量平衡的思想最早是由 Akella 和 Gresens 提出的(魏俊浩等,2000)。常用的质量平衡计算方法:成分 - 体积图解法、Isocon 图解法(或等浓度线法)、标准 Isocon 图解法、定量计算法等。虽然许多学者建立了各种各样的质量平衡计算公式及相应的图解方法,但其基本原理和核心思想是一致的。Gresens 提出了一个基本假设,即在岩石蚀变过程中,一个或多个成分是不活动的。若这些组分可以确立,则可以建立体系开放前后总质量或总体积的比例关系,进而确定任何组分在这一过程中的迁移程度,进而提出了成分 - 体积图解法,该方法不仅可以获得任意组分的质量迁移量,同时也可以计算体系开放前后整体体积的变化量,这对研究变形、韧性剪切等地质过程非常有利。但其需要确定样品的密度,并且不能直观地反映体系开放前后整体质量的变化。因此,Grant(1986)在 Gresens 公式的基础上,提出了 Isocon 图解法来揭示主微量元素在蚀变过程中的迁移规律,将 Gresens 方程中的"体积变化"关系转换为"质量变化"关系,去掉了密度参数,减少了工作量。其具体思路和公式推导如下:

根据质量平衡原理,可得式(5-1)

$$M_k^O + \Delta M_k^{O-A} = M_k^A \tag{5-1}$$

表5-2　上宫金矿区熊耳群蚀变岩主量元素分析结果

（%）

蚀变分带	名称	室内编号	Na₂O	MgO	Al₂O₃	SiO₂	P₂O₅	K₂O	CaO	TiO₂	MnO	Fe₂O₃	FeO	H₂O⁺	CO₂	LOLt
矿区外围（Ⅳ带）	安山岩	SG－47	1.68	4.31	14.25	56.28	0.56	1.73	2.63	1.71	0.11	2.17	8.50	4.48	1.41	5.11
		SG－49	3.21	1.61	13.18	57.95	0.48	1.98	7.37	1.49	0.10	4.30	4.30	1.81	1.94	3.64
		均值	2.45	2.96	13.72	57.12	0.52	1.86	5.00	1.60	0.11	3.24	6.40	3.15	1.68	4.38
弱铁白云石－绿泥石化带（Ⅲ带）	蚀变安山岩	SG－05	0.07	4.98	13.82	48.64	0.38	2.20	5.32	1.32	0.16	3.03	9.13	4.86	5.93	10.13
		SG－22	0.99	5.56	15.19	46.94	0.27	2.85	5.62	0.90	0.14	1.76	7.87	4.20	7.48	11.10
		SG－31	2.14	4.59	16.47	52.31	0.24	2.53	5.92	0.84	0.12	3.08	5.25	3.60	2.62	5.96
		SG－ZK－42	4.35	5.63	13.66	50.34	0.38	0.34	4.82	1.28	0.18	2.68	7.02	3.38	5.73	8.76
		SG－ZK－45	2.98	7.44	14.54	53.59	0.27	0.37	2.22	1.01	0.13	3.80	6.10	4.72	2.62	6.62
		均值	2.11	5.64	14.74	50.36	0.31	1.66	4.78	1.07	0.15	2.87	7.07	4.15	4.88	8.51
弱绿泥石－绢云母－铁白云石化带（Ⅱ带）	蚀变安山岩	SG－06	0.08	3.57	13.54	53.30	0.35	3.52	5.06	1.16	0.14	2.49	6.60	3.23	6.80	9.42
		SG－07	0.11	4.13	15.52	55.61	0.35	3.95	3.54	1.11	0.07	1.76	5.10	3.75	4.86	8.07
		SG－23	0.09	4.08	12.02	56.11	0.23	3.38	4.66	0.78	0.56	1.24	5.33	2.54	8.84	10.33
		SG－32	0.13	4.20	15.85	49.63	0.25	4.84	4.05	0.97	0.13	0.67	6.32	2.36	7.19	12.11
		SG－34	0.09	4.12	14.91	50.78	0.22	4.64	4.52	0.85	0.11	0.92	5.95	2.27	7.77	12.05
		SG－ZK－41	0.79	6.30	13.31	52.85	0.29	3.25	1.99	0.99	0.09	1.08	6.10	2.31	6.99	12.07
		SG－ZK－43	2.06	6.46	9.46	42.59	0.13	0.86	8.87	0.46	0.20	1.17	7.90	1.72	16.32	18.67
		SG－ZK－44	1.19	6.24	13.24	48.08	0.19	1.76	5.52	0.75	0.13	1.35	6.35	3.23	8.94	14.24
		均值	0.57	4.89	13.48	51.12	0.25	3.28	4.78	0.88	0.18	1.34	6.21	2.68	8.46	12.12
含金硫化物－铁白云石－绢云母－石英带（Ⅰ带）	蚀变岩	SG－09	0.07	11.17	6.09	25.66	0.13	2.05	18.30	0.32	0.18	4.09	3.70	1.24	26.79	27.62
		SG－24	0.04	6.04	8.80	46.87	0.26	2.97	10.16	0.63	0.11	3.72	2.67	1.53	14.77	17.26
		SG－33	0.16	10.44	3.96	22.69	0.08	1.33	20.08	0.18	0.23	1.46	8.05	0.92	30.14	30.16
		SG－35	0.29	12.56	2.52	13.27	0.12	0.85	24.23	0.12	0.31	1.62	8.27	0.59	34.60	34.70
		SG－ZK－40	0.03	2.66	3.30	75.42	0.05	0.98	3.44	0.14	0.06	5.13	0.52	0.83	5.05	8.01
		均值	0.12	8.57	4.94	36.78	0.13	1.64	15.24	0.28	0.18	3.21	4.64	1.02	22.27	23.55

注：分析单位为武汉综合岩矿测试中心。

表 5-3　上宫金矿区熊耳群蚀变岩稀土元素分析结果

($\times 10^{-6}$)

蚀变分带	室内编号	La	Ce	Pr	Nd	Sm	Eu	Gd	Tb	Dy	Ho	Er	Tm	Yb	Lu	Y
矿区外围（IV带）	SG－47	58.0	117	14.1	55.7	10.1	2.48	8.68	1.26	7.63	1.49	4.18	0.59	3.91	0.56	41.9
	SG－49	51.1	102	12.3	49.1	8.84	2.27	7.59	1.09	6.52	1.24	3.41	0.49	3.20	0.47	35.1
	均值	54.54	109.47	13.20	52.36	9.47	2.38	8.14	1.18	7.07	1.37	3.80	0.54	3.56	0.52	38.49
弱铁白云石－绿泥石化带（III带）	SG－05	46.4	94.7	11.5	46.5	8.56	2.26	6.89	1.00	5.92	1.15	3.28	0.46	3.06	0.47	32.1
	SG－22	21.7	46.1	5.53	22.7	4.57	1.24	4.39	0.70	4.27	0.91	2.74	0.42	2.54	0.41	25.7
	SG－31	27.0	58.0	6.98	27.8	5.27	1.58	4.42	0.66	3.87	0.75	2.16	0.32	2.10	0.32	21.7
	SG－ZK－42	37.6	81.3	9.85	39.2	7.32	1.95	6.34	0.90	5.17	1.01	2.79	0.40	2.66	0.42	28.9
	SG－ZK－45	29.4	59.4	7.29	28.4	5.27	1.48	4.95	0.74	4.50	0.89	2.52	0.38	2.51	0.38	26.1
	均值	32.42	67.91	8.24	32.89	6.20	1.70	5.40	0.80	4.75	0.94	2.70	0.40	2.57	0.40	26.90
弱绿泥石－绢云母－铁白云石化带（II带）	SG－06	40.3	84.5	10.4	42.2	7.72	2.09	6.54	0.92	5.36	1.06	3.02	0.44	2.72	0.43	29.7
	SG－07	39.9	82.0	9.87	38.9	6.82	1.81	5.89	0.90	5.48	1.03	2.86	0.42	2.63	0.42	29.6
	SG－23	8.59	19.3	2.53	10.7	2.74	0.64	3.38	0.60	3.90	0.82	2.48	0.35	2.39	0.38	25.1
	SG－32	14.4	31.6	4.16	17.4	3.63	0.89	3.63	0.63	3.98	0.81	2.45	0.35	2.53	0.39	22.3
	SG－34	20.9	43.1	5.21	21.2	4.04	1.13	3.87	0.64	3.99	0.83	2.49	0.35	2.37	0.36	23.4
	SG－ZK－41	76.9	130	14.1	52.8	8.58	2.63	6.72	0.95	4.99	0.93	2.42	0.37	2.33	0.35	27.4
	SG－ZK－43	10.6	24.1	3.10	12.6	2.56	0.82	2.69	0.44	2.47	0.51	1.46	0.22	1.50	0.23	15.2
	SG－ZK－44	20.4	42.5	5.09	20.4	3.83	1.10	3.41	0.51	3.28	0.65	1.98	0.30	2.00	0.32	18.9
	均值	29.00	57.13	6.81	27.03	4.99	1.39	4.52	0.70	4.18	0.83	2.40	0.35	2.31	0.36	23.96
含金硫化物－铁白云石－绢云母－石英带（I带）	SG－09	7.88	16.4	2.13	8.87	1.91	0.55	2.17	0.31	1.81	0.35	1.05	0.15	1.04	0.15	10.6
	SG－24	13.0	28.8	3.71	16.0	4.26	1.07	4.36	0.61	3.37	0.66	1.90	0.26	1.82	0.30	20.3
	SG－33	9.61	17.4	2.21	9.43	2.07	0.75	2.38	0.35	1.98	0.36	0.92	0.13	0.81	0.11	11.3
	SG－35	6.66	14.0	1.94	8.94	3.03	0.99	3.32	0.42	2.12	0.37	0.94	0.12	0.68	0.095	11.0
	SG－ZK－40	3.92	9.46	1.45	6.57	1.75	0.46	1.14	0.15	0.84	0.16	0.43	0.068	0.45	0.071	4.21
	均值	8.21	17.22	2.29	9.96	2.60	0.76	2.67	0.37	2.03	0.38	1.05	0.14	0.96	0.15	11.49

注：分析单位为中国地质大学地质过程与矿产资源国家重点实验室。

表 5-4 上宫金矿区大华群蚀变岩主量元素分析结果

（%）

蚀变分带	室内编号	Na$_2$O	MgO	Al$_2$O$_3$	SiO$_2$	P$_2$O$_5$	K$_2$O	CaO	TiO$_2$	MnO	Fe$_2$O$_3$	FeO	H$_2$O$^+$	CO$_2$	LOL
未蚀变带（IV带）	K1	2.56	4.32	14.45	48.92	0.35	2.81	5	1.2	0.25	11.25	6.43			2.14
	K2	3	4.01	16.78	52.15	0.15	2.68	4.68	0.62	0.17	8.18	5.14			1.72
	K3	5.45	2.38	16.44	64.84		2.00	1.51	0.64	0.06	3.95	0.64			
	均值	3.06	5.27	15.28	50.44	0.20	2.43	5.76	0.83	0.22	10.45	5.79			1.94
弱钾长石化-绿泥石化带（III带）	SG－ZK－02	3.93	3.59	18.05	54.11	0.20	2.64	6.06	0.73	0.14	3.00	4.47	2.23	0.53	2.37
	SG－ZK－04	3.11	1.79	16.48	59.46	0.20	3.51	3.72	0.53	0.08	1.17	2.93	2.07	4.76	6.51
	SG－ZK－06	4.45	2.57	18.02	57.34	0.24	2.60	4.73	0.64	0.09	2.27	3.47	1.77	1.26	3.15
	均值	3.83	2.65	17.52	56.97	0.21	2.92	4.84	0.63	0.10	2.15	3.62	2.02	2.18	4.01
弱绿泥石-钾长石化-铁白云化带（II带）	SG－ZK－07	4.15	1.39	15.29	65.55	0.13	3.91	1.60	0.40	0.06	1.24	2.68	1.58	1.70	3.13
	SG－ZK－08	0.06	3.05	12.40	51.78	0.45	3.80	5.47	1.65	0.17	1.70	7.73	2.34	9.23	10.80
	均值	2.11	2.22	13.85	58.67	0.29	3.86	3.54	1.03	0.12	1.47	5.21	1.96	5.47	6.97
含金硫化物-铁白云石-绢云母-石英带（I带）	SG－ZK－09	0.08	0.92	11.23	56.37	0.48	4.62	0.88	1.55	0.01	13.84	0.70	1.68	0.29	9.03
	均值	0.08	0.92	11.23	56.37	0.48	4.62	0.88	1.55	0.01	13.84	0.70	1.68	0.29	9.03

注：K1，K2据武警黄金十四支队资料；K3据王志光（1997），14样品平均值；其他为本次研究成果。

表 5-5　上宫金矿区大华群蚀变岩稀土元素分析结果

（×10⁻⁶）

蚀变分带	室内编号	La	Ce	Pr	Nd	Sm	Eu	Gd	Tb	Dy	Ho	Er	Tm	Yb	Lu	Y
未蚀变带（Ⅳ带）	K3	20.57	47.68	4.94	20.89	4.1	0.99	2.72	0.56	3.5	3.00	1.72	0.27	1.12	1.08	1.08
	均值	20.57	47.68	4.94	20.89	4.1	0.99	2.72	0.56	3.5	3.00	1.72	0.27	1.12	1.08	1.08
弱钾长石化-绿泥石化带（Ⅲ带）	SG-ZK-02	17.9	53.0	8.51	39.1	9.41	1.59	7.78	1.24	7.52	1.51	4.31	0.64	4.42	0.64	43.8
	SG-ZK-04	36.2	72.0	8.78	34.0	6.21	1.28	5.18	0.80	4.80	0.92	2.59	0.37	2.41	0.35	26.7
	SG-ZK-06	32.6	70.0	8.72	34.6	6.86	1.39	5.85	0.90	5.50	1.07	3.01	0.44	2.83	0.42	31.1
	均值	28.89	65.01	8.67	35.90	7.49	1.42	6.27	0.98	5.94	1.17	3.30	0.48	3.22	0.47	33.85
弱绿泥石-钾长石化-铁白云石化带（Ⅱ带）	SG-ZK-07	51.9	94.4	9.41	31.3	4.81	1.07	3.46	0.49	3.04	0.57	1.57	0.23	1.47	0.23	16.8
	SG-ZK-08	47.0	97.8	11.7	46.4	8.89	2.08	7.91	1.22	7.41	1.47	4.22	0.64	4.12	0.62	40.9
	均值	49.47	96.12	10.55	38.84	6.85	1.57	5.68	0.86	5.23	1.02	2.90	0.44	2.79	0.43	29.86
含金硫化物-铁白云石-绢云母-石英带（Ⅰ带）	SG-ZK-09	39.7	83.9	10.1	41.0	8.76	1.77	7.16	1.10	6.75	1.38	4.03	0.59	3.92	0.62	38.5
	均值	39.7	83.9	10.1	41.0	8.76	1.77	7.16	1.10	6.75	1.38	4.03	0.59	3.92	0.62	38.5

注：K3据王志光（1997），14样品平均值；其他为本次研究成果。

式(5-1)两边同除以 M^O，得

$$\frac{M_k^O}{M^O} + \frac{\Delta M_k^{O-A}}{M^O} = \frac{M_k^A}{M^O} \tag{5-2}$$

此外

$$C_k^O = \frac{M_k^O}{M^O}, \ C_k^A = \frac{M_k^A}{M^A}, \ \Delta C_k^{O-A} = \frac{\Delta M_k^{O-A}}{M^O}$$

将上述三式代入式(5-2)中

$$C_k^O + \Delta C_k^{O-A} = \frac{M^A}{M^O} C_k^A \tag{5-3}$$

进一步变换可得

$$C_k^A = \frac{M^O}{M^A} (C_k^O + \Delta C_k^{O-A}) \tag{5-4}$$

或

$$\Delta M_k^{O-A} = \left[\frac{M^A}{M^O} C_k^A - C_k^O \right] M^O \tag{5-5}$$

式中　O——体系开放前样品；

　　　　A——由样品 O 变化产生；

　　　　k——任意组分；

　　　　i——不活动组分；

　　　　m——活动组分；

　　　　M^O、M^A——样品质量；

　　　　ΔM_k^{O-A}——样品 O 转换为样品 A 过程中 k 组分迁移量；

　　　　C_i^O、M_i^O——样品 O 中组分 i 的含量。

对于不活动组分 i，在变化过程中没有质量增减，则 $\Delta C_i^{O-A} = 0$，则式(5-4)变为：

$$C_i^A = \frac{M^O}{M^A} C_i^O \tag{5-6}$$

式(5-6)在 C^O—C^A 图解上(见图5-17)，为一过原点的直线，斜率 K 值为 M^O/M^A，这样的直线就称为"Isocon"，其含义为落在该直线上的组分在变化过程中未发生迁移，位于其上方的元素表示该元素被热液带入体系而富集，而位于直线下方的元素表示从原岩中被迁出而发生了亏损。K 值的大小可以粗略地反映岩石在蚀变过程中体积的变化，当 $K > 1$ 时，则体积亏损；当 $K < 1$ 时，则体积增大，但 K 值接近于 1 时，可能因岩石密度会影响体积变化。

对于活动组分 m：

$$C_m^A = \frac{M^O}{M^A} (C_m^O + \Delta C_m^{O-A})$$

或

$$\frac{C_m^A}{C_m^O} = \frac{M^O}{M^A} (1 + \Delta C_m^{O-A} / C_m^O) \tag{5-7}$$

式(5-7)在 $C^O - C^A$ 图解上，也为一过原点的直线，斜率为 $M^O/M^A (1 + \Delta C_m^{O-A} / C_m^O)$，其中 $\Delta C_m^{O-A} / C_m^O$ 称为质量转移率，$\Delta C_m^{O-A} > 0$，表示组分 m 在变化过程中被代入，$\Delta C_m^{O-A} < 0$，表示被带出。

将式(5-6)代入式(5-7)中,可得

$$\frac{\Delta C_m^{O-A}}{C_m^O} = \frac{C_m^A}{C_m^O} \frac{C_i^O}{C_i^A} - 1 \qquad (5\text{-}8)$$

通过式(5-5)、式(5-8),任何活动组分在体系开放过程中的质量转移程度都可以定量求出。龚庆杰等(2012)对元素在热液蚀变过程中的迁移程度进行了划分(见表5-6)。

2. 不活动组分判定

由于惰性组分本身在开放系统中没有增加和亏损,或者其变化相对系统自身和系统中其他活动组分而言可以忽略,因此用惰性组分就可以监测系统中物质的带入带出和体积变化,以上方程也是依据系统中惰性组分的存在(艾金彪等,2013)。因此,在研究矿床围岩蚀变时,不活动组分的选择是质量平衡计算中的关键一步(张可清等,2002)。模拟试验是确定蚀变过程中不活动元素的有效方法,但因缺少相似条件下的模拟试验数据而在实际应用中受到局限。前人研究表明(钟增球等,1995),不活动组分主要有 Th、Al_2O_3、P_2O_5、TiO_2、Zr、Hf、Y 等。其中 Al_2O_3、TiO_2 在很多热液矿床蚀变中均可作为惰性组分(魏俊浩等,1999)。但值得注意的是,并非在所有变化过程中均保持惰性,需要综合考虑。

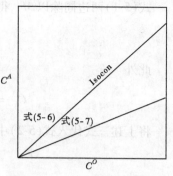

图 5-17　Isocon 图解法示意图
(据 Guo et al,2009)

表 5-6　元素质量迁移程度定性描述

定量描述		质量百分比(%)	$\Delta C_m^{O-A}/C_m^O$
质量带出(活动元素)	极度	<20	< -80
	强烈	20 ~ 40	-80 ~ -60
	中等	40 ~ 60	-60 ~ -40
	微弱	60 ~ 80	-40 ~ -20
质量守恒(不活动元素)	轻微带出	80 ~ 90	-20 ~ -10
	完好守恒	90 ~ 100	-10 ~ 11
	轻微带入	90 ~ 80	11 ~ 25
质量带入(活动元素)	微弱	80 ~ 60	25 ~ 67
	中等	60 ~ 40	67 ~ 150
	强烈	40 ~ 20	150 ~ 400
	极度	<20	>400

注:据龚庆杰等(2012)修订。

前人对不活动组分的选择进行了较多的探讨,Gresens 通过体积 – 成分图解中,是否存在一些组分直线与 $\Delta M = 0$ 的交点(体积因子)非常接近,若存在即可认为这些组分为不活动组分。Grant 通过进行 Isocon 图解投图时,若存在一些组分可以拟合一条过原点的直线,这条直线称为 Isocon,这些组分为不活动组分。龚庆杰认为该方法在确定不活动组分时,存在一个假设、一个经验判断和一个技术缺陷,即系统中存在两个或两个以上不活动组分的假设,经验判断是当系统中存在协变元素时,其图解也可以拟合为过原点的直线,需要利用经验来区分协变元素和不活动组分,技术缺陷在于拟合过原点直线时其拟合效果主要取决于最大数据(忽略元素含量的单位),并提出了坪台法来克服这一技术缺陷。Baumgartner 和 Oslen 提出了通过加权最小平方法优化 Isocon 的斜率,但该方法较为复杂,对样品的要求也较高。Maclean 和 Kranidiotios 及 Ague 提出以元素 – 元素图解识别不活动元素,以相关系数的大小判定不活动元素对的不活动性程度。邓海琳等(1999)提出了含量比值 – 含量比值图解法。高斌等(1999)将等浓度线与最小二乘法相结合,对湖南沃溪金锑钨矿床围岩蚀变过程中不活动组分进行判别,取得较好效果。Grant 通过综合评估不同方法之后,认为最有效的方法是根据实际所研究的地质过程选取最不活动组分作为参考,并计算其他组分相对于该组分的迁移情况。

5.3.3 主量元素特征

上宫金矿区不同性质、阶段的流体与围岩发生交代反应,形成了不同类型的蚀变岩。不同的蚀变岩化学组成,对于揭示成矿流体特征及围岩蚀变特征具有重要意义。

1. 岩石化学特征

从上宫金矿区未蚀变岩及蚀变岩的常量元素分析结果(见表5-2)可以看出,不同岩石化学成分差异较大。

熊耳群未蚀变安山岩:平均含量 SiO_2 为 60.15%, Al_2O_3 为 14.44%, $K_2O + Na_2O$ 为 4.53%, $Fe_2O_3 + FeO$ 为 10.15%, MgO 为 3.12%, CaO 为 5.27%, MnO 为 0.11%。绿泥石化安山岩:平均含量 SiO_2 为 55.50%, Al_2O_3 为 16.24%, $K_2O + Na_2O$ 为 4.15%, $Fe_2O_3 + FeO$ 为 10.96%, MgO 为 6.21%, CaO 为 5.27%, MnO 为 0.16%。弱绿泥石化、碳酸盐化安山岩:平均含量 SiO_2 为 58.78%, Al_2O_3 为 15.50%, $K_2O + Na_2O$ 为 4.42%, $Fe_2O_3 + FeO$ 为 8.67%, MgO 为 5.62%, CaO 为 5.49%, MnO 为 0.21%。断裂旁富矿石(黄铁绢英岩、绢英岩):平均含量 SiO_2 为 48.57%, Al_2O_3 为 6.52%, $K_2O + Na_2O$ 为 2.23%, $Fe_2O_3 + FeO$ 为 10.36%, MgO 为 11.32%, CaO 为 20.13%, MnO 为 0.24%。

太华群未蚀变斜长角闪(片麻)岩:平均含量 SiO_2 为 50.58%, Al_2O_3 为 15.24%, $K_2O + Na_2O$ 为 5.51%, $Fe_2O_3 + FeO$ 为 16.28%, MgO 为 5.29%, CaO 为 5.78%, MnO 为 0.22%。弱钾长石化 – 绿泥石化片麻岩:平均含量 SiO_2 为 59.69%, Al_2O_3 为 16.72%, $K_2O + Na_2O$ 为 7.07%, $Fe_2O_3 + FeO$ 为 6.05%, MgO 为 2.78%, CaO 为 5.07%, MnO 为 0.11%。弱绿泥石化 – 钾长石化片麻岩:平均含量 SiO_2 为 63.54%, Al_2O_3 为 12.78%, $K_2O + Na_2O$ 为 6.46%, $Fe_2O_3 + FeO$ 为 7.23%, MgO 为 2.40%, CaO 为 3.83%, MnO 为 0.12%。断裂旁富矿石(黄铁绢英岩):平均含量 SiO_2 为 62.16%, Al_2O_3 为 10.19%, $K_2O + Na_2O$ 为 5.18%, $Fe_2O_3 + FeO$ 为 16.04%, MgO 为 1.01%, CaO 为 0.98%, MnO 为 0.01%。

2. 各蚀变带元素迁移特征

1)熊耳群火山岩

据表5-2数据,以矿区外围未蚀变的安山岩为参照研究不同类型蚀变岩主量元素地球化学迁移性质。在 C^O—C^A 图解上,活动性较弱或不活动的元素位于等浓度线附近,在等浓度线以上的元素表示相对原岩含量增高,在等浓度线以下的元素表示相对原岩含量降低。本次研究选取 Al 为不活动元素进行计算,根据元素迁移计算结果做出元素迁移质量对比图,可以更为清晰、直观地得出元素迁移的特征(见图5-18)。不同蚀变带特征分述如下:

（1）未蚀变岩带（Ⅳ）→弱铁白云石－绿泥石化带（Ⅲ）。

由未蚀变的安山岩与弱铁白云石－绿泥石化安山岩主量数据拟合的等浓度图（见图5-18(a)）可知,最佳拟合等浓度线的斜率(K值)为1.07,表明在水岩相互作用过程中,弱铁白云石－绿泥石化安山岩的质量减少了约6.54%。

由图5-18(b)可知,弱铁白云石－绿泥石化带相对于原岩在热液交代作用下强烈富集CO_2,中等富集MgO、LOL,微弱富集MnO、H_2O^+;中等亏损TiO_2、P_2O_5,微弱亏损Na_2O为特征;Al_2O_3、K_2O、CaO、SiO_2、Fe_2O_3、FeO为不活动组分。

（2）未蚀变安山岩带（Ⅳ）→弱绿泥石－绢云母－铁白云石化带（Ⅱ）。

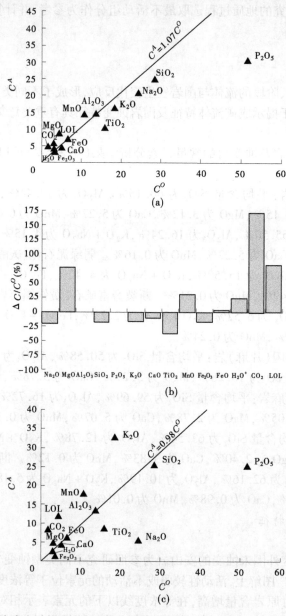

图5-18　上宫金矿熊耳群中不同蚀变带的等浓度图及其相应组分的亏损与富集柱状图

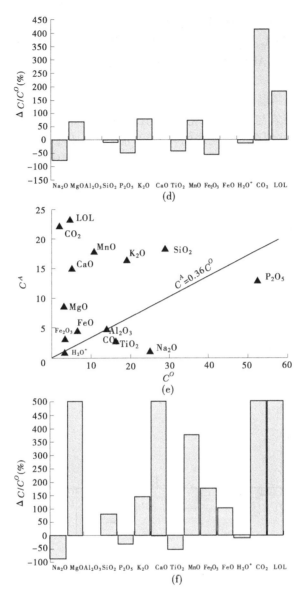

续图 5-18

由未蚀变的安山岩与弱绿泥石 – 绢云母 – 铁白云石化安山岩主量数据拟合的等浓度图（见图 5-18(c)）可知，最佳拟合等浓度线的斜率(K 值)为 0.98，表明在水岩相互作用过程中，绿泥石 – 绢云母 – 铁白云石化安山岩的质量增加了约 2.04%。

由图 5-18(d)可知，弱绿泥石 – 绢云母 – 铁白云石化带相对于原岩在热液交代作用下强烈富集 CO_2、LOL，中等富集 K_2O、MgO、MnO；强烈亏损 Na_2O，中等亏损 P_2O_5、TiO_2、Fe_2O_3 为特征；Al_2O_3、FeO、CaO、SiO_2、H_2O^+ 为不活动组分。

(3)未蚀变安山岩带（Ⅳ）→含金硫化物 – 铁白云石 – 绢云母 – 石英带（Ⅰ）。

由未蚀变的安山岩与黄铁绢英岩主量数据拟合的等浓度图（见图 5-18(e)）可知，最佳拟合等浓度线的斜率(K 值)为 0.36，表明在水岩相互作用过程中，黄铁绢英岩的质量增加了约 177.78%。

由图 5-18(f)可知,含金硫化物 – 铁白云石 – 绢云母 – 石英带相对于原岩在热液交代作用下强烈富集 CO_2、CaO、LOL、Fe_2O_3,中等富集 K_2O、SiO_2、MgO、FeO、MnO;强烈亏损 Na_2O,中等亏损 P_2O_5、TiO_2 为特征;Al_2O_3、H_2O^+ 为不活动组分。

2)太华群片麻岩

(1)未蚀变岩带(Ⅳ)→弱钾长石化 – 绿泥石化带(Ⅲ)。

由未蚀变的斜长片麻岩与弱钾长石化 – 绿泥石化斜长片麻岩主量数据拟合的等浓度图[见图 5-19(a)]可知,最佳拟合等浓度线的斜率(K 值)为 1.15,表明在水岩相互作用过程中,绿泥石 – 绢云母 – 铁白云石化安山岩的质量减少了约 13.04%。

由图 5-19(b)可知,弱钾长石化 – 绿泥石化带相对于原岩在热液交代作用下中等富集 LOL,微弱富集 CaO;强烈亏损 Fe_2O_3,中等亏损 MnO,微弱亏损 TiO_2、MgO、P_2O_5、FeO 为特

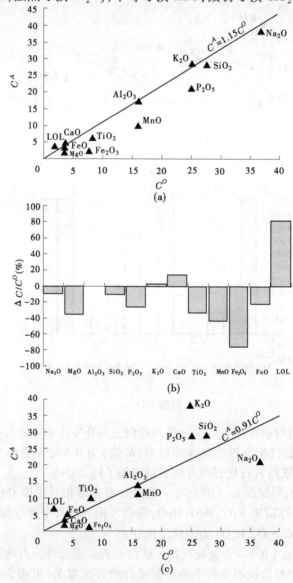

图 5-19 上宫金矿太华群中不同蚀变带的等浓度图及其相应组分的亏损与富集柱状图
注:为了直观表现等浓度图,笔者将原始数值进行了 0.5、10、100 倍的缩放。

征;Al_2O_3、SiO_2、K_2O、Na_2O 为不活动组分。

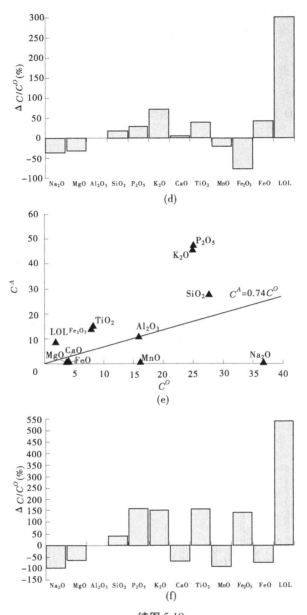

续图 5-19

(2)未蚀变岩带(Ⅳ)→弱绿泥石 – 绢云母 – 钾长石化 – 铁白云石化带(Ⅱ)。

由未蚀变的斜长片麻岩与弱绿泥石 – 绢云母 – 钾长石化片麻岩主量数据拟合的等浓度图(见图 5-19(c))可知,最佳拟合等浓度线的斜率(K 值)为 0.906,表明在水岩相互作用过程中,弱绿泥石 – 绢云母 – 钾长石化片麻岩的质量增加了约 10.4%。

由图 5-19(d)可知,弱绿泥石 – 绢云母 – 钾长石化 – 铁白云石化带相对于原岩在热液交代作用下强烈富集 LOL,中等富集 K_2O,微弱富集 TiO_2、P_2O_5、FeO;强烈亏损 Fe_2O_3,中等亏损 Na_2O、MgO,微弱亏损 MnO 为特征;Al_2O_3、SiO_2、CaO 为不活动组分。

(3)未蚀变岩带(Ⅳ)→含金硫化物－绢云母－石英化带(Ⅰ)。

由未蚀变的斜长片麻岩与黄铁绢英岩主量数据拟合的等浓度图(见图5-19(e))可知,最佳拟合等浓度线的斜率(K值)为0.735,表明在水岩相互作用过程中,黄铁绢英岩的质量增加了约36.05%。

由图5-19(f)可知,含金硫化物－绢云母－石英化带相对于原岩在热液交代作用下极度富集LOI,强烈富集P_2O_5、K_2O、Ti_2O,中等富集Fe_2O_3,微弱富集SiO_2;极度亏损Na_2O、MnO,强烈亏损FeO、CaO、MgO为特征;Al_2O_3为不活动组分。

5.3.4 微量元素特征

1. 熊耳群火山岩

以未蚀变的安山岩作为参照,Al为不活动元素进行计算,微量元素的变化规律较为明显,由各蚀变带微量元素迁移质量对比图(见图5-20)可知,弱铁白云石化－绿泥石化蚀变过程中,中等富集Cr、Ni,微弱富集Rb、Tl、Cs;中等亏损Cu、Sr、Nb、Pb、Th、U,微弱亏损Be、V、Zr、Sn、Ba、Hf、Ta、Ag;不活动组分为Sc、Ga、Co、Zn。弱绿泥石－绢云母－铁白云石化带中,极度富集Pb、Zn,强烈富集Rb、Tl、Ag,中等富集Cr、Ni、Cs;中等亏损Cu、Zr、Nb、Sn、Ba、Hf、Ta、Th,微弱富集Sr、U;不活动组分为Be、Sc、V、Co、Ga。含金硫化物带中,极度富集Cu、Zn、Rb、Tl、Pb、Ag,强烈富集Be、V、Co、Ni、Ba,中等富集Cs、Sr、U,微弱富集Sc;中等亏损Sn、Zr、Nb、Hf、Th,微弱亏损Ta;不活动组分为Cr、Ga。

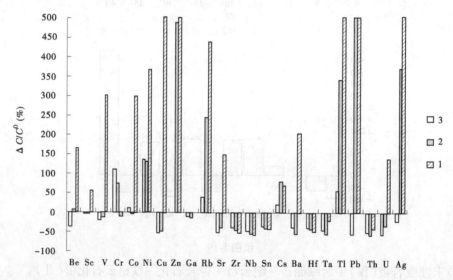

1—含金硫化物－绢云母－石英带;2—弱绿泥石－绢云母－铁白云石化带;3—弱铁白云石－绿泥石化带

图5-20 熊耳群中各蚀变带微量元素的亏损与富集图解

熊耳群中各蚀变带岩石微量元素均值相对原始地幔标准化蛛网图(见图5-21)显示,弱铁白云石－绿泥石化蚀变带岩石微量元素与未蚀变安山岩的特征基本一致,均以富集Rb、Ba等大离子亲石元素及Pb元素,亏损Th、U、Nb、Ta、Ti等高场强元素为特征,蚀变带岩石微量元素含量较未蚀变的岩石有所减少,可能表明含矿热液对弱铁白云石－绢云母化带作用

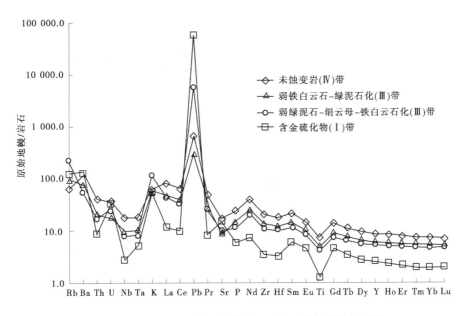

图 5-21 熊耳群中各蚀变带岩石原始地幔标准化蛛网图

较弱。弱绿泥石－绢云母－铁白云石化蚀变带及含金硫化物带岩石微量元素的特征基本一致,均以富集 Rb、Ba 等大离子亲石元素及高场强元素 U、Nd,亏损 Th、Nb、Ta、Zr、Hf、Ti 等高场强元素为特征。Pb、Sr 在含金硫化物带中发生了富集。

2. 太华群片麻岩

由于缺乏原岩的微量元素含量作对比,不同蚀变带岩石的微量元素均值相对原始地幔标准化蛛网图(见图 5-22)显示,弱钾长石化－绿泥石化蚀变带、弱绿泥石－钾长石化－铁白云石化蚀变带岩石微量元素的特征基本一致,均以富集 Rb、K、Ba 等大离子亲石元素及 Pb 元素,亏损 Th、Nb、Ta、Ti 等高场强元素为特征。在弱钾长石化－绿泥石化蚀变带中,Ba、K、Pb、Nd 等元素富集,Nb、Ta、P、Ti 等元素发生亏损;弱绿泥石－钾长石化－铁白云石化蚀变带中,K、Pb、Nd 等元素富集,Th、Nb、Ta、Sr、Ti 元素发生了亏损。含金硫化物带中以富集 Ba、U、K、Pb、P、Nd,亏损 Th、Nb、Ta、Sr、Ti 等元素为特征,其中成矿元素 Cu、Pb、Zn、Ag 等强烈富集。

5.3.5 稀土元素特征

稀土元素是最有用的微量元素,在火成岩、沉积岩和变质岩的研究中具有重要作用,同时对矿产预测及围岩蚀变具有重要意义。过去稀土元素一直被认为是不活动的元素,因此在研究围岩蚀变时常被忽略,目前越来越多的研究发现,不同类型火山岩稀土元素在热液蚀变过程中具有活动性。尽管各稀土元素的行为相近,但在原子结构、晶体化学和化学性质上仍有某些差异,因而在一定的地质作用过程中,它们势必发生分馏,不同的条件导致其分馏和配分模式特征不同,其曲线位置的高低(稀土元素总量)、倾斜程度(轻重稀土元素比值)、铕异常(δEu)和铈异常(δCe)以及曲线总体形态的相互对比是进行成因和物源分析的重要指标。

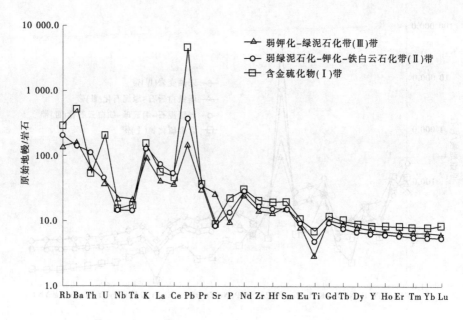

图 5-22　太华群中各蚀变带岩石原始地幔标准化蛛网图

　　稀土元素数据通常用配分图的形式表现,稀土元素标准化数据采用 Sun 和 McDonough 于 1989 年提出的球粒陨石数据。此外,稀土地球化学参数是稀土分布模式的定量化评价指标,$(La/Sm)_N$ 反映轻稀土间的分馏程度;$(Gd/Yb)_N$ 反映重稀土间的分馏程度;$\sum LREE/$ $\sum HREE$、$(La/Yb)_N$ 和 $(Ce/Yb)_N$ 反映轻、重稀土间的分馏程度,而 δEu 和 δCe 则反映 Eu 和 Ce 相对于其他 REE 的分异特征(韩吟文等,2003)。上宫金矿各蚀变带稀土元素分布特征如下。

　　1. 熊耳群火山岩

　　熊耳群火山岩地层中各蚀变带的稀土元素主要参数统计见表 5-7,稀土元素配分模式图见图 5-23。

　　不同蚀变带特征如下:

　　(1)未蚀变带(Ⅳ带)中,$\sum REE$ 平均值为 267.59,LREE/HREE 平均值为 9.23,δEu 平均值为 0.81,$(La/Yb)_N$ 平均值为 11.00,$(La/Sm)_N$ 平均值为 3.72,$(Gd/Yb)_N$ 平均值为 1.89。

　　(2)弱铁白云石 – 绿泥石化带(Ⅲ带)中,$\sum REE$ 平均值为 167.31,LREE/HREE 均值为 8.23,δEu 平均值为 0.88,$(La/Yb)_N$ 平均值为 9.04,$(La/Sm)_N$ 平均值为 3.38,$(Gd/Yb)_N$ 平均值为 1.73。

　　(3)弱绿泥石 – 绢云母 – 铁白云石化带(Ⅱ带)中,$\sum REE$ 平均值为 141.99,LREE/ HREE 均值为 8.08,δEu 平均值为 0.88,$(La/Yb)_N$ 平均值为 9.01,$(La/Sm)_N$ 平均值为 3.75,$(Gd/Yb)_N$ 平均值为 1.62。

　　(4)含金硫化物带(Ⅰ带)中,$\sum REE$ 平均值为 48.79,LREE/HREE 平均值为 5.30,δEu 平均值为 0.88,$(La/Yb)_N$ 平均值为 6.14,$(La/Sm)_N$ 平均值为 2.03,$(Gd/Yb)_N$ 平均值为 2.30。

表 5-7　熊耳群中各蚀变带稀土元素主要参数统计

蚀变带号	∑REE	LREE	HREE	LREE/HREE	δEu	δCe	(La/Yb)$_N$	(La/Sm)$_N$	(Gd/Yb)$_N$
Ⅳ带	267.59	241.42	26.17	9.23	0.81	0.97	11.00	3.72	1.89
Ⅲ带	167.31	149.36	17.95	8.32	0.88	0.99	9.04	3.38	1.73
Ⅱ带	141.99	126.35	15.64	8.08	0.88	0.96	9.01	3.75	1.62
Ⅰ带	48.79	41.05	7.75	5.30	0.88	0.96	6.14	2.03	2.30

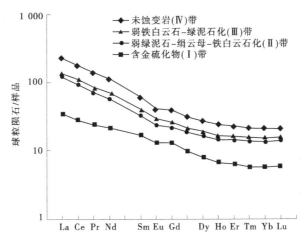

图 5-23　熊耳群各蚀变带稀土元素配分模式

　　稀土总量(∑REE)从未蚀变岩带到含金硫化物带逐渐降低,与 Si 质量分数具相同的趋势(见图 5-24)。LREE/HREE、(La/Yb)$_N$ 等可以反映轻重稀土分异特征的参数值,一致显示了较为明显的轻重稀土间的分异,即蚀变围岩具有轻稀土富集的特征,其(La/Yb)$_N$ 值为6.14~9.04,参数值较原岩降低。δEu 值为 0.88,显示弱的负异常,与原岩相似,负异常程度略微扩大。δCe 值均为 1 左右,无 Ce 异常。

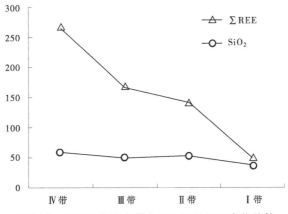

图 5-24　熊耳群各蚀变带中 SiO$_2$ 及 ∑REE 变化趋势

　　从稀土元素配分图上看,蚀变围岩与原岩的稀土元素配分模式图基本一致,均显示略微右倾的轻稀土富集特征和弱的 Eu 负异常,蚀变围岩的曲线全部分布于原岩之下。含金硫化物带稀土总量远远低于围岩,其原因可能是石英、硫化物的"稀释"作用造成的一种表观亏损现象,同时由于多期次热液的强烈淋滤蚀变,也会造成稀土尤其是轻稀土的部分流失。

上宫金矿床熊耳群各蚀变岩中稀土元素质量迁移计算结果表明(见图5-25),稀土元素受矿化蚀变的影响较大,各蚀变带中稀土元素大都发生了明显的迁出,因此稀土元素不能完全当作"不活动元素"。

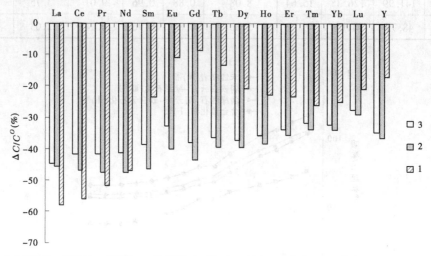

1—含金硫化物-绢云母-石英带;2—弱绿泥石-绢云母-铁白云石化带;3—弱铁白云石-绿泥石化带

图5-25 熊耳群中各蚀变带稀土元素的亏损与富集图解

2.太华群片麻岩

太华群片麻岩地层中各蚀变带的稀土元素主要参数见表5-8,稀土元素配分模式图见图5-26。

表5-8 太华群中各蚀变带的稀土元素主要参数统计

蚀变带号	∑REE	LREE	HREE	LREE/HREE	δEu	δCe	$(La/Yb)_N$	$(La/Sm)_N$	$(Gd/Yb)_N$
IV带	110.24	99.17	11.07	8.96	0.85	1.12	13.17	3.24	2.01
III带	169.21	147.38	21.83	6.75	0.62	1.00	6.44	2.49	1.61
II带	222.75	203.41	19.34	10.52	0.75	0.98	12.70	4.66	1.68
I带	210.76	185.21	25.56	7.25	0.66	1.00	7.25	2.92	1.51

不同蚀变带特征如下:

(1)未蚀变带(IV带)中,∑REE平均值为110.24,LREE/HREE均值为8.96,δEu平均值为0.85,$(La/Yb)_N$平均值为13.17,$(La/Sm)_N$平均值为3.24,$(Gd/Yb)_N$平均值为2.01。

(2)弱钾长石化-绿泥石化带(III带)中,∑REE平均值为169.21,LREE/HREE均值为6.75,δEu平均值为0.62,$(La/Yb)_N$平均值为6.44,$(La/Sm)_N$平均值为2.49,$(Gd/Yb)_N$平均值为1.61。

(3)弱绿泥石-绢云母-钾长石化-铁白云石化带(II带),∑REE平均值为222.75,LREE/HREE均值为10.52,δEu平均值为0.75,$(La/Yb)_N$平均值为12.70,$(La/Sm)_N$平均值为4.66,$(Gd/Yb)_N$平均值为1.68。

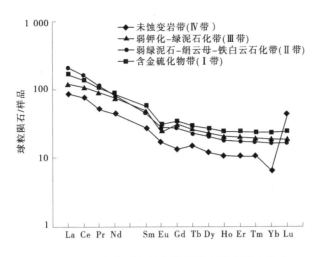

图 5-26 太华群各蚀变带的稀土元素配分模式

（4）含金硫化物带（Ⅰ带）中，∑REE 平均值为 48.79，LREE/HREE 均值为 5.30，δEu 平均值为 0.88，$(La/Yb)_N$ 平均值为 6.14，$(La/Sm)_N$ 平均值为 2.03，$(Gd/Yb)_N$ 平均值为 2.30。

稀土总量（∑REE）各蚀变带相对原始微弱富集，与 Si 质量分数变化趋势相近（见图 5-27）。LREE/HREE、$(La/Yb)_N$ 等可以反映轻重稀土分异特征的参数值，一致显示了较为明显的轻重稀土间的分异，即蚀变围岩具有轻稀土富集的特征，其 $(La/Yb)_N$ 值为 6.44 ~ 12.70，参数值较原岩升高。δCe 值均为 1 左右，无 Ce 异常。原岩 δEu 值为 1.03，无明显 Eu 异常，各蚀变带中 Eu 值为 0.62 ~ 0.75，显示 Eu 负异常，说明在热液蚀变过程中，Eu 被活化转移。

从稀土元素配分图上看，蚀变围岩稀土元素配分模式图基本一致，均显示略微右倾的轻稀土富集特征和 Eu 负异常，蚀变围岩的曲线全部分布于原岩之上。未蚀变原岩稀土配分模式图较为平缓，无明显 Eu 异常，轻重稀土分馏程度较蚀变岩低。上宫金矿床太华群各蚀岩中稀土元素质量迁移计算结果表明（见图 5-28），稀土元素受矿化蚀变的影响较大，各蚀变带中除元素 Lu 外，其他稀土元素大都发生了明显的富集。

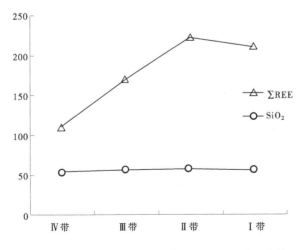

图 5-27　太华群各蚀变带中 SiO_2 及 ∑REE 变化趋势

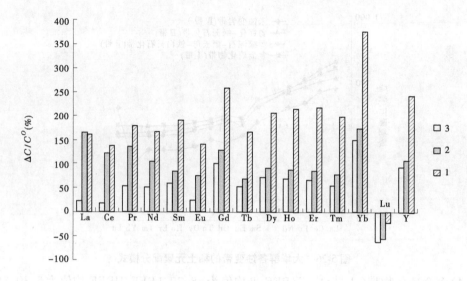

1—含金硫化物－绢云母－石英带；
2—弱绿泥石－钾长石化－绢云母－铁白云石化带；
3—弱钾长石化－绿泥石化带

图 5-28　太华群中各蚀变带稀土元素的亏损与富集图解

5.3.6　元素迁移规律小结

水－岩相互作用过程必然会引起介质物理化学条件变化,使元素原来的存在形式变得不稳定,为了与环境达到新的平衡,元素原来的存在形式自动解体,而结合成一种新的相对稳定的方式存在,从而发生地球化学迁移。

(1)在熊耳群构造蚀变带中,蚀变过程伴随以下元素地球化学变化:

①弱铁白云石－绿泥石化过程中,带入的主要元素是 CO_2、MgO、LOL、MnO、H_2O^+、Cr、Ni、Rb、Tl、Cs 等,而迁出的主要元素是 TiO_2、P_2O_5、Na_2O、Cu、Sr、Nb、Pb、Th、U、Be、V、Zr、Sn、Ba、Hf、Ta、Ag 等。弱铁白云石－绿泥石化过程中,H_2O^+、C_2O、MgO 的带入可以促使某些矿物(火山热液自变质的微斜长石、绢云母、铁镁矿物等)发生水解和组分重组合作用,表现为绿泥石化和铁白云石化的形成。

②弱绿泥石－绢云母－铁白云石化过程中,带入的主要元素是 CO_2、LOL、K_2O、MgO、MnO、Pb、Zn、Rb、Tl、Ag、Cr、Ni、Cs 等,而迁出的主要元素是 Na_2O、P_2O_5、TiO_2、Fe_2O_3、Cu、Zr、Nb、Sn、Ba、Hf、Ta、Th、Sr、U 等。

③含金硫化物－铁白云石－绢云母－石英化过程中,带入的主要元素是 CO_2、CaO、LOL、Fe_2O_3、K_2O、SiO_2、MgO、MnO、FeO、Cu、Zn、Rb、Tl、Pb、Ag、Be、V、Co、Ni、Ba、Cs、Sr、U、Sc 等,而迁出的主要元素是 Na_2O、P_2O_5、TiO_2、Sn、Zr、Nb、Hf、Th、Ta 等。表明蚀变矿化带中因大量铝硅酸盐矿物被交代减少,导致大量 SiO_2 的带出,一部分 SiO_2 转化为石英,铝硅酸盐矿物主要为绢云母。大量 CO_2、MgO 和 CaO 带入与原岩铁结合形成硅酸盐矿物。

熊耳群围岩蚀变过程中,元素迁移规律较为明显,由矿体到未蚀变围岩,元素迁移程度逐渐降低,整体来看,CO_2、MgO、LOL、K_2O、MnO、Rb、Cs、Cr、Ni、Tl 等为带入组分。K_2O 在蚀变过程中小幅增加,可能与伊利石等含钾矿物的生成有关。MgO、MnO、Ni 的富集可能与绿泥石化有关。Na_2O、TiO_2、P_2O_5、Sn、Zr、Nb、Hf、Th、Ta 等为迁出组分。Na_2O 在蚀变过程中一直处于迁出状态,可能与斜长石的绢云母化、绿泥石化有关。Fe_2O_3、FeO、Cu、Pb、Zn、Ag、Ba、Sr 等既有带入也有迁出。Ba、Sr 元素的迁出可能与蚀变过程中长石溶解交代有关。Zr、Hf、Ti、P 等高场强元素也表现出一定的活动性。在含金硫化物带,成矿元素 Au、Cu、Pb、Zn、Ag 及 K_2O、SiO_2 等都发生了较强烈的富集,此外 CaO 也强烈富集,这与该带中出现大量的白云石、铁白云石相吻合。蚀变岩中的 SiO_2 含量与未蚀变围岩相比,变化不大,这与镜下观察石英在各蚀变带中占有的比例不符,可能是由于长石、角闪石及云母类矿物在热液蚀变过程中析出过剩的 SiO_2,使得 SiO_2 在蚀变过程中相对稳定。

(2)在太华群构造蚀变带中,蚀变过程伴随以下元素地球化学变化:

①弱钾长石化－绿泥石化过程中,带入的主要元素是 LOL、CaO、Ba、K、Pb、Nd 等,而迁出的主要元素是 Fe_2O_3、MnO、TiO_2、MgO、P_2O_5、FeO、Nb、Ta、Ti 等。

②弱绿泥石－绢云母－钾长石化－铁白云石化过程中,带入的主要元素有 LOL、K_2O、TiO_2、P_2O_5、FeO、Pb、Nd 等,而迁出的主要元素是 Fe_2O_3、Na_2O、MgO、Th、Nb、Ta、Sr、Ti 等。

③含金硫化物－绢云母－石英化过程中,带入的主要元素有 LOL、P_2O_5、K_2O、Ti_2O、Fe_2O_3、SiO_2、Ba、U、Pb、P、Nd 等,而迁出的主要元素是 Na_2O、MnO、FeO、CaO、MgO、Th、Nb、Ta、Sr、Ti 等。

太华群围岩蚀变过程中,由矿体到未蚀变围岩,元素迁移程度逐渐降低,整体来看,LOL、K_2O、Ba、Pb、Nd 等为带入组分。K_2O 在蚀变过程中小幅增加,可能与伊利石、微斜长石等含钾矿物的生成有关,在蚀变破碎带中也看到了较为明显的钾长石化现象。Na_2O、MnO、MgO、Nb、Ta、Ti 等为迁出组分。Fe_2O_3、FeO、P_2O_5、K_2O、Ti_2O、Cu、Pb、Zn、Ag、Ba、Sr 等既有带入也有迁出。Zr、Hf、Ti、P 等高场强元素也表现出一定的活动性。在含金构造硫化物带中,成矿元素 Au、Cu、Pb、Zn、Ag 及 K_2O、SiO_2 等都发生了较强烈的富集。

综上,常量元素(SiO_2、K_2O、CO_2)总体上呈带入的趋势,它们构成了富硅(SiO_2)的碱性(K_2O)流体。一般认为这种流体的形成有两种可能的解释:一是岩浆晚期分异产物演化成本区的一种蚀变流体;另一种解释是一种富含 SiO_2、K_2O 蚀变流体沿构造通道直接从深部上侵的结果(魏俊浩等,2000)。结合上宫金矿区的成矿地质条件来看,后者较为合适。亲硫元素(Au、Ag、Cu、Pb、Zn)在蚀变岩中主要赋存于硫化物中。胡新露等(2013)通过对上宫金矿床的同位素地球化学资料进行系统分析,认为成矿流体主要来自深部地幔或由幔源岩浆派生,成矿物质为壳幔混合来源。因此,可认为含矿热液是一种来自深部携带亲硫元素(Au、Ag、Cu、Pb、Zn)富硅(SiO_2)的一种碱性(K_2O)流体,在循环上升过程中,溶蚀了太华群中的部分成矿物质,由于温度、压力、pH 值、氧逸度等发生变化,并与围岩发生交代作用,使得矿质在有利的构造部位发生沉淀,形成金矿体。

5.4 七里坪金矿岩矿石化学成分变化特征

在七里坪采集 739 和 799 标高中段矿石和围岩的主要氧化物分析数据显示(见表5-9),在没有考虑挥发分的情况下,蚀变岩与安山岩围岩相比,主要是 K_2O 明显要高,其他主要氧化物化学成分变化不大,这与显微镜下蚀变岩主要发育强烈的绢云母化现象是一致的。但矿石和围岩相比,主要氧化物含量差别比较大。由于矿石中多金属硫化物矿物含量比较高,所以主要氧化物在矿石中总量比较低。

图5-29是799和739中段矿化蚀变带主要氧化物的等浓度图。安山岩和蚀变安山岩相比,两个中段蚀变作用过程中主要氧化物的带入和带出有所不同,但基本特征是相似的,这种不同应该是由于不同中段采样位置上的不同引起的。明显的是 K_2O 的带入和 Na_2O 的带出,这与显微镜下蚀变安山岩斜长石的强烈绢云母化现象是一致的,也与上宫金矿近矿围岩的强烈绢云母化现象一致。但这里 SiO_2 有少量的带出,CaO、FeO、Fe_2O_3 以及 MgO 变化不大,这与上宫金矿 SiO_2、CaO 的带入以及 MgO 和 FeO 的明显带出完全不同,说明七里坪银矿与上宫金矿相比早期的蚀变作用比较弱,主要为绢云母化,没有发育大规模的黄铁绢英岩化,所以没有形成有工业价值的金矿化。

表5-9　七里坪金银矿蚀变岩石的化学成分

样号/标高	岩矿名称	SiO$_2$	TiO$_2$	Al$_2$O$_3$	Fe$_2$O$_3$	FeO	MgO	MnO	CaO	K$_2$O	Na$_2$O	P$_2$O$_5$	合计
Y1/YM739	安山岩	49.76	1.16	16.59	10.02	1.81	4.11	0.17	5.01	6.64	0.71	0.05	96.03
Y2/YM739	蚀变安山岩	50.74	1.01	14.22	8.46	1.62	3.16	0.19	4.29	9.54	0.37	0.14	93.74
Y3/YM739	矿石	33.58	0.18	2.94	8.20	8.90	1.06	0.34	0.92	1.10	0.28	0.15	57.65
Y4/YM739	蚀变安山岩	49.24	1.06	14.31	9.18	1.71	2.96	0.16	4.71	9.70	0.43	0.10	93.56
Y5/YM739	安山岩	50.48	1.07	15.70	9.80	1.55	3.66	0.15	4.16	7.67	0.65	0.15	95.04
Y1/YM799	安山岩	53.20	1.24	16.68	8.57	2.23	3.41	0.15	3.08	6.83	0.66	0.17	96.22
Y2/YM799	蚀变安山岩	53.68	1.29	17.09	8.89	1.96	2.80	0.18	2.51	6.38	0.96	0.15	95.89
Y3/YM799	矿石	44.52	0.50	5.72	2.20	7.14	0.59	0.18	1.08	2.38	0.62	0.15	65.06
Y4/YM799	蚀变安山岩	50.66	1.50	14.39	11.30	4.24	3.08	0.25	2.94	7.47	1.12	0.13	97.08
Y5/YM799	安山岩	52.48	1.55	14.88	12.21	2.16	3.17	0.17	3.97	2.17	4.64	0.16	97.56

矿石与安山岩相比,明显的特征是 FeO 和 SiO_2 的大量带入和 K_2O 以及 Al_2O_3 的大量带出,说明矿化时主要是早期硅化作用,并伴随有黄铁矿化,晚期为多金属硫化物矿化,并伴随 Ag 的矿化。从安山岩到矿石不同阶段主要氧化物的带入和带出量计算结果如表5-10所示。

表5-10　七里坪金银矿蚀变带蚀变作用中元素的带入和带出量

编号	名称	ΔSiO$_2$	ΔTiO$_2$	ΔAl$_2$O$_3$	ΔFe$_2$O$_3$	ΔFeO	ΔMgO	ΔMnO	ΔCaO	ΔK$_2$O	ΔNa$_2$O	ΔP$_2$O$_5$
799 中段	安山岩→ 蚀变安山岩	−4.08	−0.09	−1.07	−0.96	0.70	−0.54	0.04	−0.98	1.97	−1.68	−0.03
	安山岩→ 矿石	31.16	−0.45	−4.99	−6.24	11.27	−2.18	0.14	−1.49	−0.01	−1.48	0.12
739 中段	安山岩→ 蚀变安山岩	−0.62	−0.09	−2.02	1.18	−0.03	−0.86	0.01	−0.13	2.37	−0.28	0.02
	安山岩→矿石	1.54	−0.84	−11.62	2.71	12.02	−2.25	0.36	−3.17	−5.46	−0.25	0.13

综合以上特征,初步认为,七里坪金银矿是上宫大型金矿外围的单独矿床,蚀变作用与上宫金矿有明显的不同,主要是硅化、绢云母化和绿泥石化,没有发育铁白云石化。绢云母

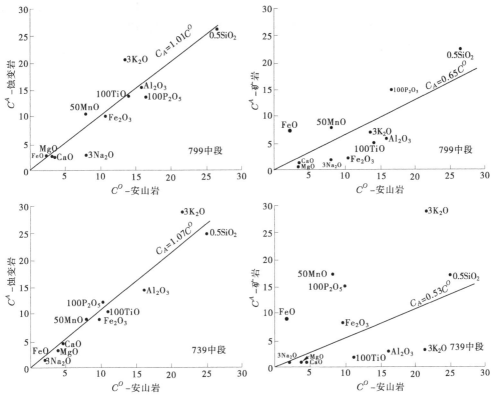

图 5-29 七里坪银矿矿化蚀变带主要氧化物的 C^A—C^O 图解
（为避免拥挤，部分组分为按比例投点）

化和绿泥石化主要发育在蚀变安山岩中，硅化发育在矿化的碎裂硅化蚀变岩中。早期主要是 K_2O 的带入，其他氧化物主要表现为带出。成矿时主要为 SiO_2 和 FeO 的带入，其他氧化物主要表现为带出。银矿石中没有发育细粒黄铁矿，主要为富多金属硫化物矿物，成矿时断层主要表现为张性破碎后的硅化蚀变作用。

本区银多金属硫化物矿化与金的矿化应属于同一期成矿的不同阶段、不同的成矿作用，是金矿成矿以后单独的一次银多金属矿化。

5.5 蚀变与金矿化的关系

5.5.1 主要蚀变矿物含量与 Au 含量的关系

一直以来，蚀变与矿化的关系是成矿理论研究的重要内容，热液蚀变作用在金矿床中普遍存在，并对 Au 的沉淀有着重要作用：①围岩中矿物与成矿流体反应，可以使热液 pH 值改变，导致金的沉淀；②热液蚀变引起的成矿流体的降温、降低硫化物活度、增加氧逸度或 H_2S 的浓度等，可以造成硫化物的沉淀（张德会等，1997；胡受奚等，2004）。上宫金矿为典型的构造蚀变岩型金矿，成矿方式以交代成矿为主，矿床围岩蚀变类型多、强度大，表现出相互叠加的现象，主要蚀变有硅化、钾长石化、黄铁矿化、绢云母化、伊利石化、碳酸盐化、赤铁矿化等。热液蚀变对金的成矿作用起着重要的作用,但不同类型的蚀变对金矿化的作用不同。据上宫金矿典型剖面各蚀变带蚀变矿物含量与 Au 含量的关系曲线(见图 5-30、图 5-31)可知,上宫金矿区中与金矿化关系密切的主要有钾长石化、硅化、黄铁矿化、绢云母化、碳酸盐化、伊利石化、绿泥石化。

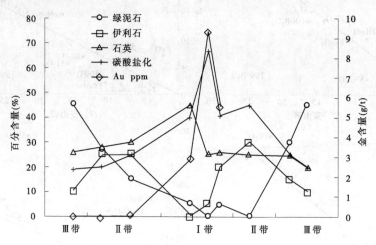

I 带:含金硫化物 – 铁白云石 – 绢云母 – 石英带;

II 带:弱绿泥石化 – 绢云母 – 铁白云石化带;

III 带:弱铁白云石 – 绿泥石化带

图 5-30　746 – 3 剖面各蚀变带蚀变矿物含量与 Au 含量的关系曲线(熊耳群)

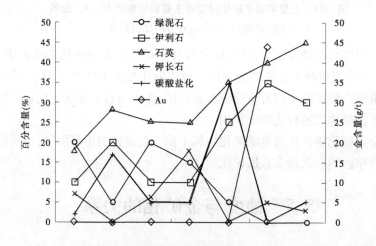

I 带:含金硫化物 – 绢云母 – 石英带;

II 带:弱绿泥石化 – 绢云母 – 钾长石化 – 铁白云石化带;

III 带:弱钾长石化 – 绿泥石化带

图 5-31　ZK1508 剖面各蚀变带主要蚀变矿物含量与 Au 含量的关系曲线(太华群)

5.5.2　主要蚀变类型

1. 钾长石化

钾是地壳中分布最广的造岩元素之一,钾和钠的交代作用皆称为碱交代作用,对许多成矿元素具有强烈的活化转移能力。上宫金矿成矿流体中金主要以 $AuHS^0$、$Au(HS)_2^-$ 等络合物形式迁移(胡新露等,2013),K^+ 离子是金迁移不可或缺的补偿离子;其次钾离子在溶液中能在各种细微裂隙,甚至粒间、矿物的解理等具有很强的扩散能力和渗滤能力,能与许多成矿元素形成易溶的配合物。此外,K^+、Au^+ 二者的离子电位相近,Au 易与 K^+ 构成阳离子络合物一起迁移(黄诚等,2014)。

2. 硅化

硅化是金矿中常见的一种分布广泛的蚀变,硅化与金矿关系密切,民间寻找金矿多以石英脉为线索。大多数金矿的形成与热液密切相关,而硅化则是热液活动存在的有效证据。实验表明,Au 与 SiO_2 之间可以发生络合作用,形成络合物 $AuH_3SiO_4^0$。在一定的物理化学条件下,在含 S、SiO_2 的热液体系中 $AuH_3SiO_4^0$ 可以取代 $Au(HS)_2^-$,成为 Au 活化迁移的主要形式,在合适的成矿部位硅质随着金的沉淀一起析出,形成石英脉或硅化。此外,据 Sillen 等,硅的羟基络合物可以发生如下的聚合作用:

$$[Si(OH)_5 + Si(OH)_5^-]—[(OH)_4^-Si-OH\cdots O-Si-(OH)_3]$$

金从深部迁移至地表的过程中,金可以与硅质形成金-硅胶团共同迁移,金-硅胶团是由金胶粒及和硅的羟基络合物组成,当金-硅胶团由深部向浅部,由外蚀变带到内蚀变带,在一定的物理化学条件下,金-硅胶团发生分解,导致金的沉淀及石英脉、硅化的形成。但是由于结晶习性的不同,硅化形成过程中因与金不相容,大部分金被排出,导致石英中金含量较低。在后期热液蚀变作用下,硫的络合物易使分散金归并,所以镜下常见硅化石英与黄铁矿共生,手表本上表现为烟灰色石英。

3. 黄铁矿化

黄铁矿化是本区最为普遍的热液蚀变之一,其发育期次多(见图5-3),主要包括:成矿早阶段的粗粒立方体黄铁矿,主要分布于围岩及早期石英脉中;成矿中阶段细粒五角十二面体黄铁矿,呈浸染状分布;成矿晚阶段黄铁矿不发育,零星分布于石英-碳酸盐网脉中或黄铁矿-绿泥石脉穿插矿石。黄铁矿是重要的载金矿物,其原因是黄铁矿本身是铁和硫的化合物,金具有特殊的亲硫性,当在热液蚀变流体中含大量[HS]$^-$时,金易形成 $AuHS$、$Au(HS)_2^-$ 等络阴离子;同时金又具特殊的亲铁性,当蚀变热液中有大量 Fe^{2+} 时,络阴离子遭破坏,在产生黄铁矿时流体析出包体金或在析出结晶过程中金离子通过类质同象进入黄铁矿而形成晶格金。

在矿区内并非所有的黄铁矿的金含量都高,成矿中阶段的细粒五角十二面体黄铁矿金含量较高,该晶型黄铁矿一般形成于 $260\sim280$ ℃范围内,与流体包裹体所测中阶段温度相符。此外,一般来讲,细粒、它形黄铁矿含 Au 量较高,原因是粗粒黄铁矿在形成过程中,经历了多期次重结晶作用,其内部结构不断调整,使得杂质元素 Au 等排出晶体,而细粒黄铁矿调整时间相对较短,故金矿化较好。

4. 绢云母化

由热液蚀变形成的绢云母多呈细小鳞片状分布,在受构造影响强烈的破碎带较为发育,常与黄铁矿、石英密切共生,形成黄铁绢英岩(见图5-32(a)、(b)、(d)),与金矿化关系较为密切。

黄铁绢英岩的形成(见式(5-9)),会消耗流体中的 H_2S 和 K^+,使得流体中硫活度降低,从而使热液中搬运金的硫络合物不稳定,金沉淀成矿。

$$3(MgFe)_5Al_2Si_3O_{10}(OH)_8 + 18AuHS^0 + 2K^+ + 10H^+ \rightarrow$$
$$2KAl_3Si_3O_{10}(OH)_2 + 9FeS_2 + 3SiO + 6Mg^{2+} + 24H_2O + Au$$

$$(5-9)$$

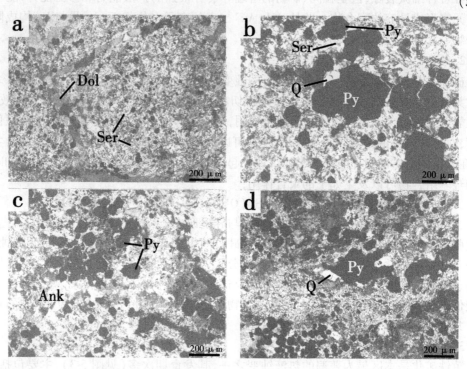

图 5-32　上宫金矿区黄铁绢英岩典型镜下特征

5. 碳酸盐化

碳酸盐化是上宫金矿区常见的一种热液蚀变类型,碳酸盐化产生的矿物主要有白云石、铁白云石、方解石、菱锌矿及少量菱铁矿。一般认为铁白云石与金矿化关系密切(黄诚等,2014)。在含金构造硫化物带内,碳酸盐含量较高,以白云石和铁白云石为主,与黄铁矿、绢云母、石英共生(见图5-32),碳酸盐化降低了含矿流体体系中的 CO_2,使得流体 pH 值升高,导致金的络阴离子不稳定而遭受破坏,使 Au 发生沉淀(式(5-10)、式(5-11))。

$$Au(s) + HS^-(aq) + H^+(aq) + 1/4O_2(g) = Au(HS)^0(aq) + 1/2H_2O(l) \quad (5-10)$$

$$Au(s) + 2HS^-(aq) + H^+(aq) + 1/4O_2(g) = Au(HS)^{2-}(aq) + 1/2H_2O(l) \quad (5-11)$$

6. 伊利石化

伊利石化在各个蚀变带均有分布,虽然熊耳群地层中含金蚀变带内伊利石化分布较少,但在太华群地层中的含金蚀变带内伊利石化较为发育,可能与金矿化存在一定的关系。伊利石的形成温度在 220～300 ℃,且 pH 偏中性;伊利石在构造应力场作用下破碎,使得硅-氧四面体被破坏,破碎的伊利石边缘带正电荷,吸附带负电荷的金络合物,故伊利石可能与金矿化有关。

7. 绿泥石化

绿泥石化蚀变在上宫金矿区普遍发育,绿泥石化蚀变的机制为(式(5-12)):

$$5[Fe,Mg]^{2+} + Al_4[Si_4O_{10}](OH)_8 \rightleftharpoons (Fe,Mg)_5Al_2SiO_3O_{10}(OH)_8 + SiO_2 \quad (5-12)$$

由上述方程式可知,绿泥石化过程消耗了大量的 Fe^{2+} 和 Mg^{2+},又发生于碱性条件,不利于金的沉淀,所以在绿泥石化发育的地带,金矿化较弱,绿泥石化与金矿化呈负相关。在图 5-31 上也较为直观地反映了二者的负相关关系。

综上,热液蚀变与金矿化关系密切,具有较好的指示意义,但是围岩蚀变与矿化的关系,不能简单地将围岩蚀变强度与矿化强度相对应,由于不同的矿化阶段均有相应的围岩蚀变发育,破碎带及其周围的围岩蚀变是多阶段热液活动在空间上叠加的结果。经过分析:①各类蚀变中,以黄铁矿化、绢云母化、硅化等关系密切,黄铁绢英化可以作为上宫矿区直接的找矿标志,绿泥石化发育地带往往金矿化较差;②上宫金矿床成矿方式以交代成矿为主,水岩反应是使矿质卸载的重要机制之一,所以热液蚀变组合复杂,围岩蚀变强度越大,往往金矿化也越好;③黄铁矿、铁白云石等矿物常在地表氧化为褐铁矿等表生矿物,使地表呈红褐色、褐黄色等,可作为野外宏观找矿标志。

第6章　金矿体产出规律及找矿预测

6.1　围岩蚀变空间变化规律

上宫金矿床是典型的构造蚀变岩型金矿,金矿体的产出与围岩蚀变密切相关,研究围岩蚀变的空间变化规律,对金矿化(体)的分布也有一定的指示意义。上宫金矿区围岩蚀变矿物组合具较为明显的横向带性,以断裂构造破碎带为中心,向两侧依次近对称变化。矿物组合垂直分带不甚显著,仅表现出部分矿物的变化,矿区深部太华群地层的近矿围岩中出现较强的钾长石化,此现象在熊耳群地层的近矿围岩中出现较少,钾长石化通常被认为具有较强的活化转移成矿元素的能力,其出现可能指示太华群为上宫金矿床提供了成矿物质;按照前期勘查所分上、下矿带,下矿带内主要的蚀变矿物有绿泥石、石英、铁白云石、绢云母、萤石、重晶石等,矿带两侧围岩蚀变宽度窄,一般为 0.5 ~ 2 m;上矿带内主要的蚀变矿物有铁白云石、绢云母、石英、赤铁矿等,矿带两侧围岩蚀变范围宽,强度大,达 10 ~ 30 m,且赤铁矿化较下矿带发育。

总体来说,围岩蚀变的横向分带性更具找矿指示意义,在黄铁矿化、绢云母化、硅化、碳酸盐化(铁白云石、白云石化)叠加发育的地带,往往也是金矿化较好的地带。钾长石化等蚀变现象可作为金矿体发育的间接标志。

6.2　金矿体空间变化规律

6.2.1　含金构造蚀变带特征

矿区范围内,F1 含金构造蚀变带自南西向北东有逐渐撒开的趋势,尤其 21 线以东表现更为明显。21 线以西逐渐收敛,构造蚀变带出露宽度 20 ~ 50 m,21 线以东矿带出露宽度 100 ~ 280 m。整个构造蚀变带形态为马尾状(见图 2-1、图 2-2、图 4-9),自西向东,从南向北,进一步划分为 6 个次级矿带。其编号依次为Ⅰ、Ⅱ、Ⅲ、Ⅳ、Ⅴ、Ⅵ。各矿带成矿特征见表 6-1。

其中Ⅰ矿带横贯全区,Ⅱ、Ⅲ矿带分布在Ⅰ矿带之上,与Ⅰ矿带相辅而行,称之为下矿带。Ⅳ矿带横贯全区,自 15 线向西与上矿带时分时合,向东自 26 线上部分出Ⅴ、Ⅵ矿带,与Ⅳ矿带相辅而行,称之为上矿带(见图 2-2、图 4-9)。地表下矿带与上矿带之间相隔一定距离,一般为 14 ~ 26 m。南西端相距较近,为 4 ~ 15 m,北东端相距稍远,为 14 ~ 37 m。Ⅰ、Ⅳ矿带自南西 03 线向北东端逐渐撒开,从 19 线分枝出Ⅲ矿带;21 线分枝出Ⅱ矿带;25 线分枝出Ⅴ矿带;27 线分支出Ⅵ矿带。在地表Ⅱ、Ⅲ矿带具分枝复合现象,从倾向上看,Ⅰ、Ⅱ或Ⅰ、Ⅲ矿带有分有合的现象。Ⅳ、Ⅴ、Ⅵ矿带时分时合现象更是普遍存在,而且很多地段Ⅳ、Ⅴ矿带分不开(见图 2-1、图 4-9)。Ⅵ矿带自 29 线与Ⅴ矿带分开,呈 20° ~ 25°方向展布上矿带和下矿带的特征有较为明显的差异,主要表现在以下几个方面:

表 6-1　上宫金矿含金构造蚀变带成矿特征

编号	范围	最大宽度(m)	最小宽度(m)	平均宽度(m)	长度(m)	倾向(°)	倾角(°)	出露标高(m)	控制斜深(m)	含矿率(%)	
										地表	深部
F1-Ⅰ	03-41线	11	1	4.9	2 200	319	58	1 340	535	1 497	81
F1-Ⅱ	21-40线	13	2.0	4.6	900	316	50	1 325	630	58	44
F1-Ⅲ	19-40线	24	3.0	6.9	1 050	320	54	1 325	675	45	19
F1-Ⅳ	30-41线	22	6	18.7	2 000	321	54	1 345	715	17	6
F1-Ⅴ	26-41线	37	6	13.6	800	313	59	1 340	645	40	31
F1-Ⅵ	26-41线	17	2	7.14	850	312	56	1 255	838	34	19

（1）下矿带严格受断裂构造的控制,为典型的线性分布。矿带之间围岩以玄武安山岩为主。而上矿带也受断裂构造控制,但蚀变强度大、范围广,具有典型构造蚀变岩型金矿床的特点。矿带之间的围岩以各类安山岩、蚀变安山岩为主。

（2）下矿带内岩性:地表由碎裂岩、角砾岩及碎裂安山岩等组成,浅深部主要由角砾岩组成,带内有破碎的石英脉及残留的玄武安山岩的透镜体存在。而金矿体往往赋存在角砾岩内,蚀变岩及变角砾岩内含矿较差。上矿带内岩性由蚀变角砾岩、硅化角砾岩、构造泥砾岩、碎裂岩、蚀变岩等组成。与下矿带的主要区别是蚀变岩、蚀变角砾岩、构造"泥砾岩"等含量相对增多。

（3）下矿带内主要的金属矿物以细微粒黄铁矿为主,次为自然金、银金矿、碲金矿,碲金银矿等及少量的方铅矿、闪锌矿。上矿带内主要的金属矿物以黄铁矿、方铅矿为主,次为自然金、银金矿、黄铜矿等,多金属矿化明显。两矿带矿石工业类型,下矿带为少硫矿物含银碲—金矿石类型,上矿带为少硫化物含银铅—金矿石类型。二者的伴生有益组分亦不尽相同,下矿带以银碲为主,上矿带以银铅为主。

（4）赋存在上矿带和下矿带的金矿体数量不同,品位亦不同。下矿带内主矿体5个,上矿带内主矿体1个。下矿带内矿体中金品位高于上矿带内矿体品位。据原勘探报告统计,下矿带内矿体平均品位为 7.01×10^{-6} ,上矿带内矿体平均品位为 5.55×10^{-6} 。

6.2.2　矿体侧伏规律

矿体的产状是在成矿预测中十分重要的地质要素,主要包括倾向、倾角、侧伏方向、侧伏角、倾伏角。脉状金矿体大都是以非等轴体的板状、透镜状或其他不规则状产出于主控矿构造面上,将非等轴线型金定义为侧伏方向,矿体长轴线的方向与走向的夹角为侧伏角,矿体长轴线的方向与其水平投影之间的夹角为倾伏角。对于绝大多数受断裂控制的矿体而言,矿体的倾向及倾角在矿体发现的初期即可认识,而侧伏向及侧伏角通常在矿体经过详查或开采到一定程度后才会知道。侧伏向及侧伏角与成矿时的主构造应力密切相关(于伟,2011)。掌握矿体的侧伏向及侧伏角,对矿体的深部预测及找矿具有重要意义。

本次主要就上宫金矿 F1-Ⅰ矿带进行了研究,F1-Ⅰ号脉是上宫矿区内延伸最长和延深最大的矿脉,Ⅰ矿带地表圈出6个工业矿体,地表线含矿率为9%,该矿带主要矿体数最多,金储量是诸矿带之冠。Ⅰ矿带分布于03线至41线,长2 200 m,地表走向20°~75°,平均49°,自南西至北东,整体趋势是由北东东转向北东,再转向北北东(1线至5线走向75°,5线至9线走向65°,19线至23线走向70°,23线至28线走向40°,28线至30线走向70°,30线至34线走向45°,34线至39线走向25°),显示一个舒缓波状,呈不规则的弧形。倾向北西,倾角较陡,41°~82°,平均58°(见图6-1)。矿带内岩石蚀变现象普遍,主矿体赋存于断裂带内,出露最高标高1 340 m,目前控制最低标高约 -142 m(ZK3310),高差1 500 m。

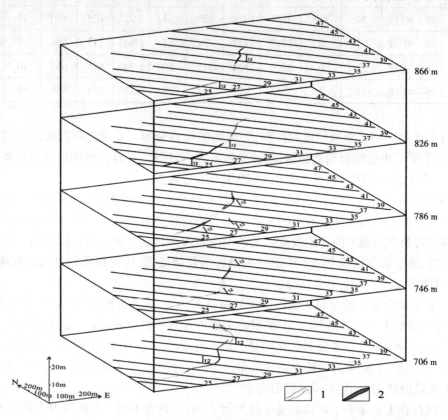

1—蚀变带;2—矿体

图6-1 上宫矿区 I₁₂号矿体联合中段

本次研究全面收集01~47号勘探线之间Ⅰ号脉相关采探矿工程的采样数据,统计了各采样点的空间位置,将数据投影到Ⅰ号脉纵投影图上,为计算方便,确立新的坐标系:X为与各勘探线相对应的坐标,Y为高程、厚度、金品位、权值,样品数量较充分,分布较均匀(浅部由于探槽及老硐较多,采样点略密集;深部以钻探资料为主,采样点较稀疏,但比较均匀),能够较好地控制矿体形态,基本可以满足进一步分析的要求。本次主要采用趋势面分析,其基本原理是运用曲面模拟地理系统在空间上的分布和变化趋势,实质上是通过回归分析原理,运用最小二乘法拟合一个二元非线性函数方程,模拟矿体在空间上的分布规律,展示矿体在地域空间上的变化趋势(谭满堂,2013)。其目的在于把地质数据中区域和局部的变化在数学上定量表达,绘制成图可以直观地反映地质变量在区域和深部的变化趋势,并将这种变化趋势与宏观地质相结合,总结成矿规律,进行深部预测。

整理好上述原始数据,运用surfer软件自动形成相应的等值线图,先利用数据生成矿体厚度、金品位及其权值的等值线图;然后对数据进行多元回归处理,根据实际地质情况及对数据预处理比较分析,发现四次趋势面图反映控矿规律明显且与实际较为符合,故利用四次趋势面分析可以较好地研究金矿体的控矿特征及矿化富集趋势,利用 surfer 软件获得各自的四次趋势值与剩余值,再据此制作四次趋势图和剩余值等值线图,为方便使用,最终成图时 X 为勘探线号。制图时,横坐标 X 采用与各勘探线相对应的坐标,纵坐标为实际高程,厚度单位为 m,金品位单位为 $\times 10^{-6}$,权值单位为 $\times 10^{-6} \cdot m$。

从 F1-Ⅰ矿带内矿体的金品位、厚度及其权值等值线图、四次趋势图和剩余等值线图(见图 6-2)上可以看出:

(1)从厚度及金品位等值线图解可以看出,在工程分布较为密集的区域(标高 706 m 以上),体现出金矿化在空间上分布的不均匀性。二者总体形态、高值中心具一定程度的正相关性,反映了断裂活动是金矿化的主导因素。21 线以东矿化较强,21 线以西矿化较弱,反映了上宫金矿区断裂走向变化对矿体的控制,断裂走向向北偏转部位是相对引张部位,是成矿的有利地段。

(2)在金品位、厚度及其权值三个趋势图上,均显示出向南西侧伏的趋势,表明矿体整体上具有向南西侧伏的特点,侧伏角度为 35°~45°,反映矿液由南西深部向北东斜向上运移。在品位等值线图上,显示矿体局部具有向北东侧伏的趋势,侧伏角度为 20°~30°;次级矿化富集带分布不规律,具浅部间距较小密度大、深部间距较大密度小的特征,是由于浅部压力释放,导致次级构造破碎带较深部更为发育。

(3)在矿体金品位、厚度及其权值的等值线图及剩余图上的高值区域大致呈交叉网格状分布,即交叉的两组结构线,其中一组与趋势图上反映的矿化趋势基本一致,侧伏角度为 35°~40°,反映矿体整体的侧伏规律。另一组侧伏角度为 20°~30°,反映了在断裂带中具有不等距线性斜列的矿化强弱分带性,应该是受控矿断裂面呈舒缓波状特征的影响。在断裂逆冲过程中,产状缓倾部位相对引张,矿化较好,而陡倾部位趋于紧闭,矿化较差。在产状由陡变缓的部位,构造应力差较大、含矿流体压力快速释放,有利于矿质沉淀。二者交会处是矿化最为富集的部位。

(4)虽然总体形态上,矿体厚度和品位的图解大体相似,也反映了断裂控矿作用的整体规律,但二者之间也存在着差异:①二者的高值中心并不完全重合,彼此有 20~50 m 的距离;②矿体金品位及厚度图解上两组交叉线性结构的侧伏角度、间隔距离也略有差异。这是断裂活动在不同成矿阶段具有不同的成矿作用的反映。上宫金矿主要是在Ⅱ阶段成矿,在断裂的持续脉动作用下热液活动强烈,在Ⅰ阶段石英 - 黄铁矿的基础上叠加矿化富集,形成了相应的品位浓集中心,最有利的部位是断裂产状由陡变缓处。Ⅲ阶段为石英 - 碳酸盐细脉体在张性环境中贯入,穿插早期矿石。

(5)趋势面分析显示矿体整体向南西深部侧伏,进一步预测应沿侧伏方向,按照侧伏角度向南西深部延深;在趋势分析图解中高值中心呈网格状交叉的线性展布,交会点附近是最有利的成矿部位。依据上述原则,在 F1-Ⅰ含矿破碎带中,大致推测出以下几个成矿有利地段:①5 号勘探线,标高 500 m 附近;②15 号勘探线,标高 280 m 附近;③19 号勘探线,标高 700 m 附近;④25 号勘探线,标高 100 m 附近;⑤33 号勘探线,标高 300 m 附近。

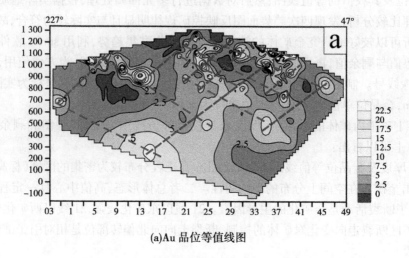

(a)Au 品位等值线图

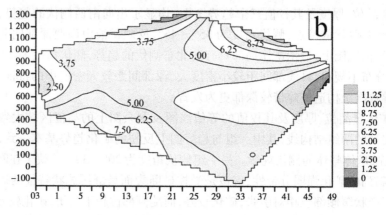

(b)Au 品位四次趋势图

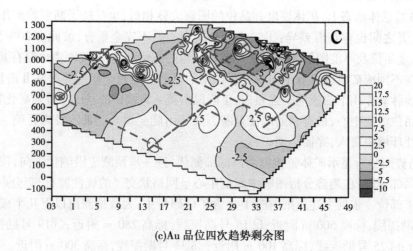

(c)Au 品位四次趋势剩余图

图 6-2　上宫金矿区 F1-I 矿带金矿体趋势面分析综合图

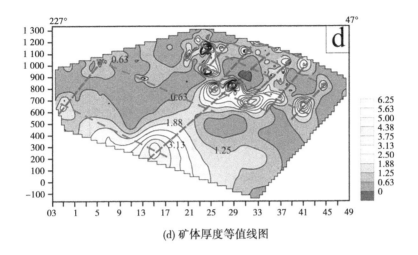

(d) 矿体厚度等值线图

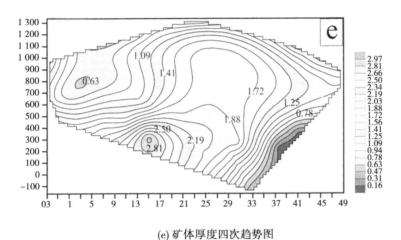

(e) 矿体厚度四次趋势图

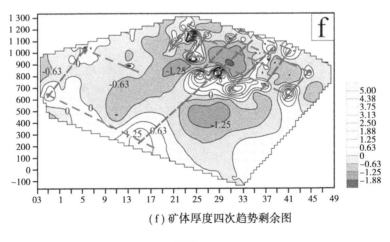

(f) 矿体厚度四次趋势剩余图

续图 6-2

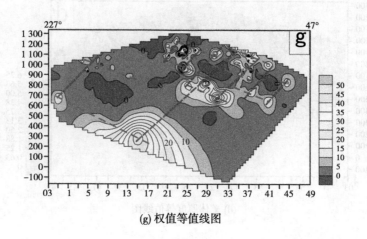

(g) 权值等值线图

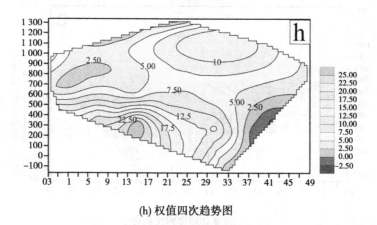

(h) 权值四次趋势图

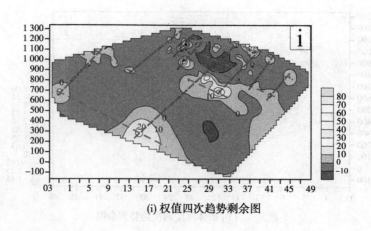

(i) 权值四次趋势剩余图

续图 6-2

(6)F1-Ⅰ矿脉趋势分析结果显示矿区深部仍具有较好的找矿前景,通过绘制矿区勘探深度较深的33~41号线的联合勘探线剖面(见图6-3)表明,在太华群与熊耳群不整合接触带附近均发现了新的矿体,03~31号勘探线钻探工程均未揭露不整合接触带,因此具有一定的找矿潜力。在矿山现有矿体下所施工的一系列钻探工程表明,虽然多数未发现工业矿体,但钻孔所揭露的构造破碎带显示主断裂向深部仍未有减弱的趋势,具深切性,且围岩蚀变仍较为发育,表明深部成矿热液活动依然强烈。

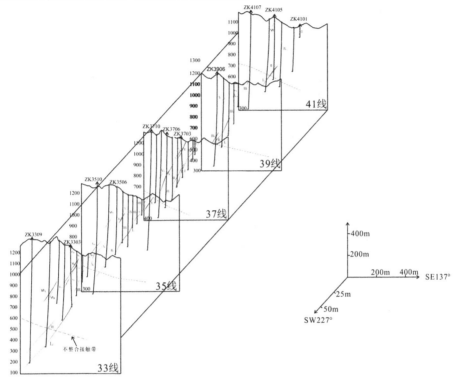

图 6-3 上宫矿区 33~41 线联合勘探线剖面

6.3 深部及外围找矿预测

上宫金矿经过三十余年的探采,随着矿区开采程度的加深,矿山进入资源危机阶段,步入危机矿山的行列。矿山外围及深部找矿突破的需求日益迫切。根据目前勘探成果,区内部分矿体向深部仍有向下延伸的趋势,如 F1-Ⅰ$_{12}$、F1-Ⅱ$_4$、F1-Ⅴ$_1$;矿区内断裂具有深切性,探矿工程表明赋矿断裂向深部并没有减弱的趋势,围岩蚀变仍较为发育,表明在深部仍具备矿体形成和产出的基本地质条件,且部分钻孔表明深部仍有工业意义的矿(化)体,如:ZK3310 在标高 -125 m 处发现品位为 6.86×10^{-6}、厚度为 0.2 m 的矿体;在深部钻孔岩石原始晕结果显示,钨元素明显升高形成异常,并有中低温元素叠加。以上均表明矿区深部仍具有较大的找矿潜力。矿区内除 F1 含矿断裂带,在 F5、F8、F9 断裂中也发现了含金构造蚀变带,具一定的找矿潜力。本次研究通过对上宫金矿床断裂控矿特征、围岩蚀变特征、矿体空间分布规律进行较为详细的分析、研究、归纳,在此基础上结合近期勘探成果,对上宫金矿床的深部及外围进行找矿预测。

6.3.1 成矿控矿因素

1. 地层控矿

熊耳山地区出露的地层主要为新太古界太华群和中元古界熊耳群。由于熊耳群未发生广泛的变质作用,难以为本区的众多金矿床提供主要矿质来源,故大多数学者认为虽然熊耳群地层是部分金矿床的赋矿地层,但其与成矿并无必然联系。太华群是本区的变质基底,它与本区金矿的密切关系得到了大多数学者的认同。

通过本次总结研究,我们认为太华群对金矿的控制主要表现在三个方面:①太华群中的斜长角闪岩 - 片麻岩组合或者片麻岩组合为赋存金矿床的重要岩石组合。②太华群中初始地壳金丰度对金矿床形成的制约。从地壳演化的角度考虑,前寒武纪是地壳形成的主要时期,也是提供初始成矿源的最重要时期。一个地质单元金矿总量主要取决于初始地壳的规模和初始成矿源的金丰度。陆松年(1997)通过对本区远离金矿床的基性麻粒岩、斜长角闪岩和角闪岩中金的含量分析,认为本区初始地壳的金丰度高于地壳克拉克值的 10 ~ 20 倍。如此高的初始地壳金含量为本区金矿的形成提供了有利的背景。此外,胡新露等(2013)通过对上宫金矿的同位素分析,表明太华群确实提供了部分成矿物质。③太华群抬升过程中形成的构造面对金矿床的制约。基底在抬升的过程中,可以形成剪切带、滑脱面、不整合面等,这些构造面对金矿的形成都有重要的控制作用,且目前已有金矿化发现(见图 6-4)。太华群及其与熊耳群的不整合接触带等是寻找金矿体的重要部位。

2. 构造控矿

上宫金矿属于构造蚀变岩型金矿,矿化的分段富集、尖灭再现、矿体的形态特征以及矿体的赋存规律(赋存标高及侧伏规律)等均与断裂构造有关。断裂构造的控矿作用已经在 4.5 节中论述,主要表现在:①NE 向断裂的产状、破碎带的规模基本控制了矿区矿体的产出位置、规模大小和形态特征;②星星阴—上宫断裂及其次级断裂构成延伸深度大、贯通性好的断裂密集带,为深源含金流体的上升提供了运移通道,构造应力为成矿流体的运移提供了动力,构造破碎带为矿液的运移和矿体的定位提供了场所;③围岩破碎程度高的地段、断裂分枝复合地段以及断裂产状由陡变缓地段均有利于矿化富集;④构造岩的类型决定了成矿方式;⑤断裂构造的多期活动控制着成矿的演化。

3. 岩浆岩控矿

熊耳山地区主要岩体的成岩年龄分别为:花山岩体(130.7 ± 1.4)Ma,五丈山岩体(156.8 ± 1.2)Ma,合峪岩体(127.2 ± 1.4)Ma(毛景文,2005),而黎世美等(1996)测得上宫蚀变围岩的 Rb - Sr 等时线年龄为(242 ± 11)Ma,任富根等(2001)对脉石矿物石英进行 $^{40}Ar - ^{39}Ar$ 测年,得到年龄为(222.83 ± 24.91)Ma,汪江河(2014)采集的上宫金矿矿石 LA - MC - ICP - MS 锆石 U - Pb 测年平均 224.73 Ma($n = 5$)。任志媛等(2010)选取主成矿阶段与金矿化密切相关的蚀变绢云母进行激光阶段加热 $^{40}Ar - ^{39}Ar$ 同位素分析,获得年龄为(236.4 ± 2.5)Ma。上述结果表明,上宫金矿的成矿年龄明显早于区内花岗岩的成岩年龄,说明成矿与燕山期花岗岩浆活动无关,燕山期的花岗岩浆活动产生的流体和热量可能对上宫金矿有一定的改造作用。此外,上宫金矿的稳定同位素资料表明成矿物质和成矿流体来自深部,与区内出露的燕山期花岗岩无关,推测其深部可能存在隐伏岩体。

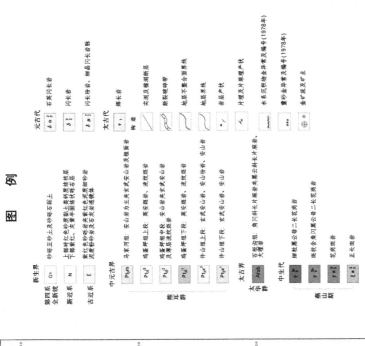

图 例

新生界

第四系 Qh 全新统　砂年亚砂土及砂砾石黏土

新近系 N　上部杂色砂砾黏土夹砂质结核层
下部棕红、灰黄半固结铁质石层

古近系 E　紫红色砂砾岩夹紫红色质细砂岩
泥质砂砾岩及石灰岩透镜体

中元古界

熊耳群

Pt_2m　马家河组 安山岩为主夹玄武安山岩及铺重岩

Pt_2jl^3　鸡蛋坪组上段 英安流岩、流纹斑岩

Pt_2jl^2　鸡蛋坪组中段 安山岩夹玄武安山岩
及英安流岩流纹斑岩

Pt_2jl^1　鸡蛋坪组下段 英安流岩、流纹斑岩

Pt_2x^2　许山组上段 玄武安山岩、安山玄岩、安山岩

Pt_2x^1　许山组下段 玄武安山岩、安山岩

太古界

太华群 Arsb　石榴浴组 角闪斜长片麻岩夹黑云斜长片麻岩、
大理岩

中生代

γ_5^{3a}　细粒黑云母二长花岗岩

γ_5^{3b}　斑状含角闪黑云母二长花岗岩

燕山期 $\gamma\pi_5^3$　花岗斑岩

$\xi\pi_5^3$　正长斑岩

元古代

δo_2^3　石英闪长岩

δ_2^3　闪长岩

$\delta\mu_2^3$　闪长玢岩、细晶闪长岩脉

太古代

ν_1　辉长岩

构造

宏测及推测断层

断裂破碎带

地层不整合面界线

地层系统

岩层产状

片理及片麻理产状

水系沉积物金异常区及编号(1978年)

重砂金异常区及编号(1978年)

金矿床及矿点

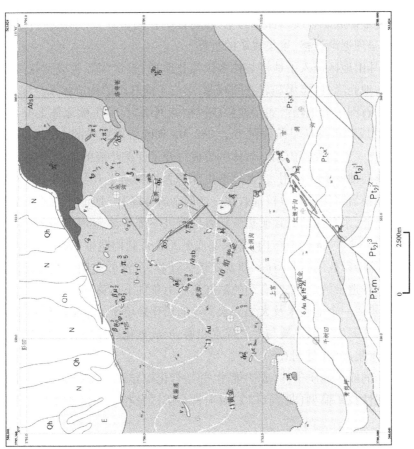

图6-4 上宫地区化探－重砂异常图

6.3.2 找矿标志及成矿与找矿模型

1. 围岩蚀变标志

上宫金矿床成矿方式以交代成矿为主,水岩反应是使矿质卸载的重要机制之一,所以热液蚀变组合复杂,围岩蚀变强度越大,往往金矿化也越好。各类蚀变中,以黄铁矿化、绢云母化、硅化、绿泥石化等关系密切,黄铁绢英化可以作为上宫矿区直接的找矿标志,绿泥石化发育地带往往金矿化较差。黄铁矿、铁白云石等矿物常在地表氧化为褐铁矿等表生矿物,使地表呈红褐色、褐黄色等,可作为野外宏观找矿标志。

2. 化探-重砂异常标志

地球化学信息可以反映地质体中物质组分经历长期地质演化的现态,表现为元素组合和分布特征,进而圈定异常,可直接指示金的浓集程度和空间位置,对于矿区外围的找矿具有重要的指导意义。由图6-4可知,该地区金矿床(点)大部分都处于 Au - Ag - Pb - Zn 的异常组合及黄金或黄金 - 铅的重砂异常内。

3. 成矿与控矿模型及找矿模型

上宫矿区金矿体主要赋存于熊耳群盖层,深部延伸到太华群之内(见图6-3、图6-5),与地层无明显的专属性关系,矿化和蚀变严格受构造破碎带的控制,并且围岩蚀变范围较小。这些特征均表明上宫金矿成矿物质以深源为主(很可能为核幔边界)。本次研究认为,成矿物质由深源至浅部,呈现逐渐迁移、聚集成矿的过程。

中生代以来,熊耳山地区进入了地幔热柱多级演化阶段,大量深源浅成型花岗岩形成,同时,随着岩浆侵入,地壳隆升、垮塌和岩石圈减薄,形成了熊耳山的构造体系。深切上地幔的马超营大断裂将岩石圈中的地幔薄弱带连接成树枝状网络,为新生软流体上升提供了良好通道。本区金矿的成矿年龄从早阶段蚀变岩 242 Ma 到晚阶段成矿的 113 Ma 经历了近130 Ma,也即从晚印支一直到晚燕山期。岩体的形成打开了含矿热液的上升通道,上宫地区蚀变作用沿着断裂侧向蚀变交代作用,含矿热液由深源含金物质上升与部分岩浆残液混合而成。正是因为大规模岩浆侵位导致核部岩浆—变质杂岩体隆升,上部盖层逐渐拆离滑脱,岩浆的上侵提供了热能,来自深部的含矿热液随着构造进一步活动,运移到近 EW 向主构造带及平行的次级 NNW 或 SN 向构造带内,将深部成矿元素带到构造带,为矿液聚集提供了空间,往往构成深部热能释放的有利空间,即含矿流体迁移、沉淀的空间。当携带深源成矿物质的岩浆热液随着构造带的上涌,向有利的温度和压力条件下运移,受通达地表的反倾向铲状断层强烈切割,构成一个地表水及大气降水参与的氧化环境下的水溶液循环系统,由于携带来自深部的成矿元素的上涌热液与大气降水相遇,形成氧化还原环境,促使成矿元素在构造扩容带中沉淀、聚集成矿(见图6-5)。

综合上宫金矿床的成矿地质条件、成矿规律,并结合化探异常、重砂异常特征等方面,建立上宫金矿床的描述性找矿模型(见表6-2),对上宫金矿区及相邻矿区的找矿工作予以帮助。

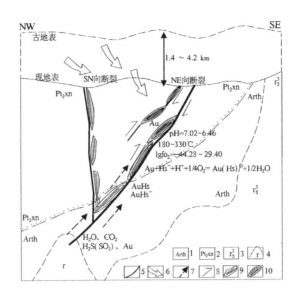

1—太华群变质岩系;2—熊耳群安山岩建造;3—燕山期花岗岩;4—推测隐伏花岗岩体;

5—断裂带位置;6—大气水运移方向;7—岩浆水(地幔流体)运移方向;8—断裂活动方向;

9—绢云母钾长石化蚀变岩及矿体;10—绢云母铁白云石化蚀变岩及矿体

图 6-5 上宫金矿成矿与控矿模式

6.3.3 上宫成矿带矿体趋势预测

6.3.3.1 矿体趋势预测依据

通过分析上宫金矿床成矿地质背景、地质特征、控矿因素、矿体空间分布规律等,认为断裂构造对含金构造蚀变岩带具有重要的控制作用,断裂既是深源成矿物质运移的通道,又是其聚集成矿的场所,根据区内断裂的多期性及深切性,推测其深部也应该有相应矿体产出。

预测区位于 F1 星星阴—上宫成矿带北东端,北东向含金构造蚀变带深部,其外围总长度达 15 750 m,是一个已知金矿集中区,区内分布有西青岗坪、干树、上宫、七里坪等大中型矿床。

预测区赋矿地层为熊耳群杏仁状安山岩、杏仁状英安流纹岩,太花群变质岩系,预测区北东端为花山复式岩基的凸出部位,1:20 万重磁资料还显示矿区深部及周边存在多处隐伏岩体(见图 6-6),遥感解译深部存在环形构造(见图 6-7)。预测区成矿地质条件有利,Au、Ag、Mo、Pb、Zn 等元素的地球化学异常发育,尤其是 Au 的地球化学异常是整个熊耳山地区浓集度最高的地区,$>10 \times 10^{-9}$ 的异常范围达上百平方千米,存在 NW – SE 方向排布的 2 个浓集中心,异常区内金矿床和金矿点分布较密集。

区内构造发育,尤其是 NNE 向的控矿构造规模大、形态好,在上宫矿区附近 NE 方向的断裂构造突然发散,形成了"帚状"的一系列次级构造,这些构造是本预测区最主要的赋矿构造带,具有很好的控矿和赋矿潜力;另外,该预测区所处的区域地质条件良好,区域性不整合面从区内穿过,NE 方向与花山复式岩基相邻,整个预测区基本处于花山岩基岩根之上,这些条件是元素活化迁移、成矿的重要条件。

表 6-2 上宫金矿描述性找矿模型

预测要素		特征描述	分类
成矿地质环境	大地构造位置	华北克拉通南缘的熊耳山金矿田	必要
	主要控矿构造	康山—上宫大断裂及其分支构造(马超营深大断裂的次级断裂)	必要
	主要赋矿地层	熊耳群、太华群	必要
	成矿时代	主要集中于印支期(华北与扬子两大板块发生碰撞造山作用)	必要
	成矿环境	康山—上宫大断裂及其次级断裂内、不整合接触带附近	必要
	区域成矿类型	构造蚀变岩型金矿、爆破角砾岩型金矿、石英脉型金矿	必要
成矿地质特征	矿体特征	脉状、薄脉状、透镜状	次要
	矿石类型	角砾岩型、碎裂岩型、蚀变岩型、泥砾岩型矿石等	次要
	围岩蚀变	强烈,硅化、碳酸盐化、黄铁矿化、绢云母化、钾长石化、赤铁矿化	重要
	成矿作用	主要与热液成矿作用有关,与水岩反应关系密切	重要
	控矿因素	太华群及其与熊耳群的不整合接触带等是找金矿的有利部位	重要
		上宫金矿属于构造蚀变岩型金矿,矿化富集均与断裂构造有关	重要
		与区域内出露的燕山期岩浆岩关系不大,深部可能存在隐伏岩体	重要
物化探异常特征	化探异常	Au – Ag – Pb – Zn	重要
	重砂异常	黄金、黄金 – 铅	次要

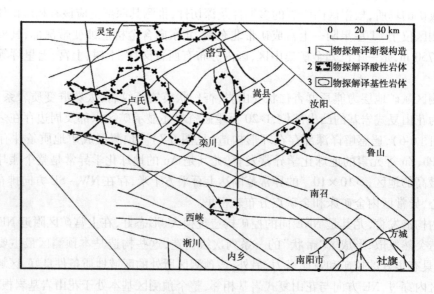

图 6-6 豫西地区断裂与隐伏岩体解译简图

(据任富根等,1996 年修编)

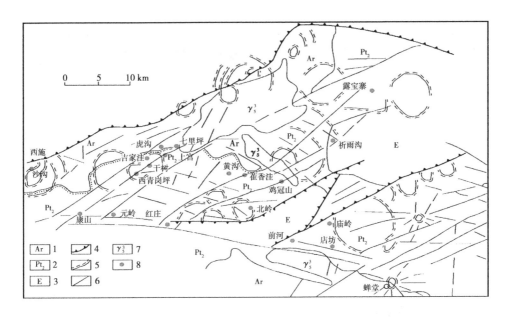

1—太华岩群;2—熊耳群;3—第三系;4—坳陷区边缘断裂;5—环形构造;

6——一般断裂;7—燕山期花岗岩;8—已知金矿区

图6-7 熊耳山–外方山地区 TM 卫星遥感影像解译图

（据任富根等,1996 年修编）

根据本矿床无沸腾包体、低盐度、成矿温度中高等特征,以 10 bar/100 m 的开放系统计算,成矿深度应该在 8.0 ~ 9.3 km。而按封闭系统(27 bar/100 m)计算,成矿深度应该在 2.2 ~ 2.5 km。矿床包裹体成分比值及逸度值反映上宫金矿床应属岩浆热液成因。

目前已查明矿体位于 03 ~ 42 线,分布标高 – 134 ~ 1 340 m,矿体长 1 736 m,最大延深 1 474 m(33 线)。矿体倾向 317°,倾角 46° ~ 67°。厚度平均 1.47 m,平均品位 5.63×10^{-6},矿体形态呈薄板状,在剖面上呈脉状,豆荚状,局部有分枝复合的现象。矿石自然类型有构造角砾岩型、碎裂岩型、蚀变安山岩型,基本为混合矿和原生矿。矿体严格受构造蚀变带控制,随着构造蚀变带的膨大变宽,矿体出现分支。矿体沿倾斜方向厚度和品位随深度增加,厚度变薄,品位增高跳动明显。

6.3.3.2 矿体趋势预测结果

通过 MAPGIS DTM 空间分析方法进行空间模型的建立,根据矿体特征、成矿物化条件、控矿因素、预测标志、成矿规律、成矿深度等数据及其变化趋势,基于 MAPGIS 的空间分析功能,在 1:(2 000 ~ 5 000)矿体垂直纵投影图上采用便于与已知矿体特征进行套合对比的权值等值线进行深部矿体趋势预测。在矿体趋势预测图(见图6-8)上可以明显看出,矿体向深部仍稳定延伸并有扩大规模的趋势,明显在深部 500 ~ –300 m 标高段出现新的富集地段,延深到 –1 550 m 标高段矿体规模扩大由干树 66 线到上宫 43 线与七里坪 67 线,为深部找矿最有利地段。

综合各种成矿条件来看,本预测区找矿前景良好,尤其是以上宫金矿为中心的外围和深部具有找矿潜力,预测(334)？矿石量 3 564 万 t,金金属量 148 t(含矿率 45%)。

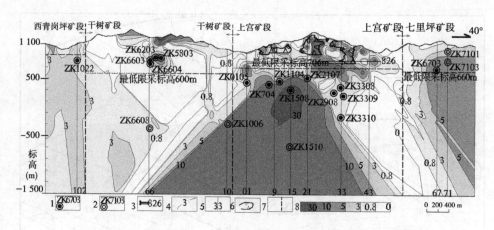

1—验证见矿钻孔及编号；2—设计钻孔及编号；3—坑道及编号；4—权植等值线；
5—勘查线及编号；6—采空区边界线；7—矿权区界限；8—厚度品位权植范围

图 6-8　上宫金成矿带(F1)青岗坪—七里坪金矿段矿体趋势预测垂直纵投影

6.3.3.3　矿体趋势预测验证结果

验证工程紧密结合深部整装勘查和老矿山深部及外围找矿项目进行。2013～2015 年施工验证钻孔 5 个(见表6-3)，分别为：位于 F1-Ⅰ含金构造蚀变带南端 01 线的 ZK0105 孔，控制标高 440 m，见矿厚度 0.44 m，品位 0.06×10^{-6}，为未见矿孔；位于蚀变带南端 7 线的 ZK704 孔，控制标高 411 m，见矿厚度 5.38 m，平均品位 2.54×10^{-6}；位于蚀变带中部 15 线的 ZK1508 孔，控制标高 316 m，见矿厚度 10.48 m，平均品位 4.87×10^{-6}，与 ZK704 相比，厚度、品位明显增高；位于蚀变带中部 33 线的 ZK3310 孔终孔孔深 1 514 m，控制标高 −164 m，见矿厚度 0.20 m，品位 6.28×10^{-6}，为最深的验证钻孔，相对浅部验证钻孔，厚度减小，但品位增高。

表 6-3　预测与验证成果对比

序号	矿区	矿脉	孔号	预测结果		验证结果	
				见矿标高 (m)	权值范围 (m × 10⁻⁶)	见矿标高 (m)	权值范围 (m × 10⁻⁶)
1	上宫	F1	ZK0105	480	3～5	440	0.03
2			ZK704	530	10～30	411	13.67
3			ZK1508	500	30～50	316	51.04
4			ZK3310	−120	0.8～3	−164	1.26
5	七里坪		ZK6703	680	5～10	690	10.20

从所施工的 5 个钻孔来看，见矿率为 80%，证明矿体趋势预测结果准确、可靠。

根据验证钻孔见矿情况，重新调整预测方案，第二次圈定 8 个预测钻孔位置，预测见矿标高情况详见表 6-4，已再次列入深部普查设计工程进行验证。

6.3.4　上宫金成矿带外围预测

上宫金矿区内金矿体主要处于 F1 断裂带的次级断裂中,随着勘探工作的进行,在与 F1 平行的 F8 和 F9 含金构造蚀变带中也发现了较大规模的含金构造蚀变带,通过坑道、坑道水平钻等工程对其进行了控制并圈定了部分矿体,且矿化连续性较好,成矿构造与蚀变特征一致,具有较大的成矿潜力,应继续开展勘探勘查工作。

表 6-4　熊耳山北麓中深部金矿第二次预测钻探工程一览表

序号	矿区	矿脉	孔号	孔深（m）	预测金矿	
					见矿标高（m）	权值范围（m×10⁻⁶）
1	上宫	F1 – Ⅰ	ZK2105	760	660	3~5
2			ZK1512	1 200	100	30~50
3			ZK1108	980	355	10~30
4			ZK305	600	520	5~10
5	七里坪		ZK7101	180	1 020	3~5
6			ZK6701	350	830	5~10
7	西青岗坪		ZK1024	570	745	3~5
8			ZK1064	400	775	3~5

在南北向 F5 或近南北向 Ⅴ(M21)断裂中也发现了含金构造岩带及金矿体。Ⅴ(M21)号含金构造蚀变带北端与虎沟金矿 M21 相连,南部与 F1 含金构造蚀变带相交会,Ⅳ号与 Ⅴ号分枝复合明显。目前已查明矿体位于 Ⅴ 号脉 20~17 勘探线间,赋存标高 1 100~200 m,长 720 m,沿倾斜宽度达 237 m,矿体呈脉状,矿体平均产状倾向 110°,倾角 81°,矿体厚度 4.18~0.19 m,平均厚度 1.30 m,金品位 42.1×10⁻⁶~0.1×10⁻⁶,平均品位 6.32×10⁻⁶,矿石类型以蚀变碎裂岩型为主,累计探明矿石量 36 万 t,金属量 2.328 8 t。矿体向深部仍有延伸和扩大规模趋势,通过矿体趋势预测图(见图 6-9)显示,矿体向南倾覆,在 32 线 300~0 m 标高段重新出现富集中心,在 68~4 线深部 −300~ −300 m 标高段矿体规模明显扩大,预测(334)? 矿石量 4 546 959 t,金金属量 27.918 t,为深部找矿主要工作区。

2012 年以来在 Ⅴ(M21)施工验证钻孔 4 个,分别为 ZK404 孔未见矿孔;ZK2408 孔未见矿孔;ZK3208 孔,控制标高 345 m,见矿厚度 1.02 m,平均品位 12.99×10⁻⁶;ZK4804 孔,控制标高 568 m,见矿厚度 0.30 m,品位 4.40×10⁻⁶。由此 4 个验证钻孔见矿成果可知,见矿率达 50%,证明矿体趋势预测结果基本准确、可靠,为找矿工程部署提供了直观依据。

F5 含金构造蚀变带位于羊肠子沟,在 10~16 号勘探线间,控制矿体分布标高为 760~1 003 m,走向长度 327 m,矿体厚度 0.44~1.90 m,平均厚度为 1.16 m,单工程矿体品位 (1.03~6.04)×10⁻⁶,平均品位 3.55×10⁻⁶,矿体的厚度沿倾向变化不明显,品位略有降低趋势,矿体仍有向下延伸的趋势。因此,F5、F8、F9 含金构造蚀变带也应予以重视,加大勘查力度。

在七里坪新发现的近东西向 F60 含金构造蚀变带,目前在中浅部已查明 F60-Ⅰ矿体,为半隐伏矿体,位于 10～13 线,分布标高 739～920 m,矿体长 1 420 m,延深 502 m,形态呈不规则薄脉状、透镜状,走向 85°～95°,平均走向 90°,倾向南,平均倾角 40°。矿体厚度平均 0.69 m,金品位平均 2.48×10⁻⁶,银品位平均 337.80×10⁻⁶。该矿体已查明金金属量 538 kg,银金属量 73 411 kg。矿体金、银品位变化及其与厚度变化均没有相关性(见图 6-10),矿体向深部明显有银降金升趋势(见图 6-11),并稳定延伸具有扩大规模趋势(见图 6-12),通过成矿趋势预测(334)? 金金属量 1.04 t,银金属量 233 t。

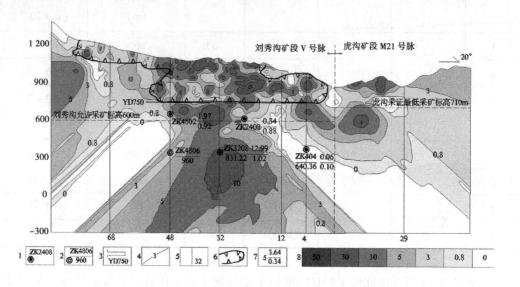

1—已完工钻孔及编号;2—设计钻孔及编号;3—坑道及编号;4—厚度品位权植等值线;5—勘查线及编号;
6—实测采空区边界线;7—样号(工程号)平均品位(10⁻⁶)/矿体真厚度(m);8—厚度品位及其权植范围

图 6-9　刘秀沟 Ⅴ – 虎沟 M21 矿体趋势预测垂直纵投影图

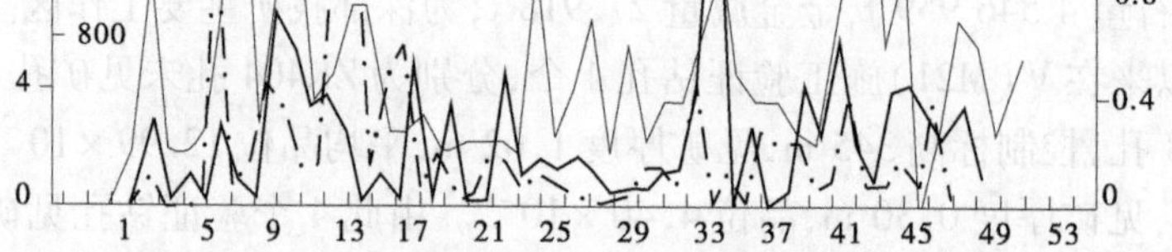

图 6-10　F60-Ⅰ矿体沿走向(由西向东)金、银品位及厚度变化曲线　(汪洋等,2015)

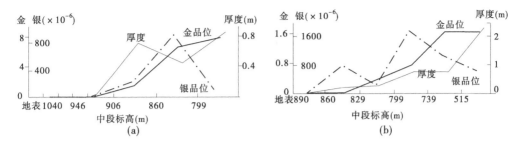

图 6-11　F60-Ⅰ矿体第 15 线（a）、03 线（b）剖面上金、银品位及厚度向深部变化曲线
（汪洋等，2015）

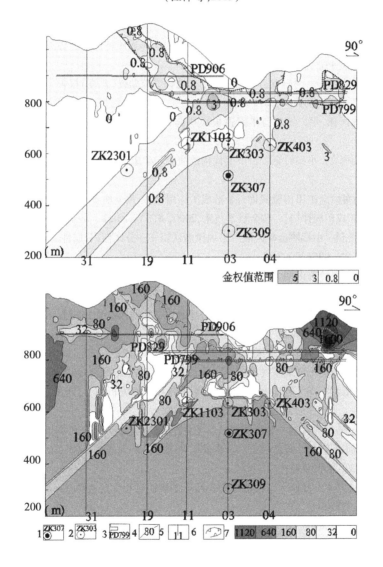

1—验证钻孔及编号；2—设计验证钻孔及编号；3—坑道及编号；
4—厚度品位权植等值线；5—勘查线及编号；6—实测采空区边界线；7—权值范围

图 6-12　七里坪 F60-Ⅰ金（上）银（下）矿体趋势预测垂直纵投影

参 考 文 献

[1] 胡受奚,赵懿英,徐金方,等. 华北地台金矿地质[M]. 北京:科学出版社,1997.

[2] 王志光,崔亳,徐孟罗. 华北地块南缘地质构造演化与成矿[M]. 北京:冶金工业出版社,1997.

[3] 丁士应,任富根,李双保,等. 豫西熊耳山地区金矿构造控矿系统及其找矿意义[J]. 前寒武纪研究进展,1999(2):26-31.

[4] 卢欣祥,尉向东,董有,等. 小秦岭 – 熊耳山地区金矿特征与地幔流体[M]. 北京:地质出版社,2004.

[5] 汪江河,付法凯,燕建设. 熊耳山北麓中深部金矿成矿规律与找矿方向研究[R]. 洛阳:河南省地质矿产勘查开发局第一地质勘查调查院,2014.

[6] 汪洋,铁健康,牛树银,等. 熊耳山地区七里坪 F60- Ⅰ 金银矿体地质特征和趋势预测成效[J]. 黄金科学技术,2015,23(2):38-44.

[7] 汪江河,李红松,付法凯,等,河南省洛宁县上宫金矿接替资源勘查(普查)报告 [R]. 洛阳:河南省地质矿产勘查开发局第一地质调查队,2011:6-78.

[8] 胡受奚,林潜龙,陈泽铭,等. 华北与华南古板块拼合带地质与成矿[M]. 南京:南京大学出版社,1988.

[9] 张进江,郑亚东,刘树文. 小秦岭金矿田中生代构造演化与矿床形成[J]. 地质科学,2003,38(1):74-84.

[10] 白万成,卿敏. 小秦岭金矿田构造演化与金矿成矿作用[J]. 黄金地质,2000,6(2):1-8.

[11] 彭大明. 秦岭金矿成矿规律[J]. 黄金科学技术,2000,8(3):10-23.

[12] 胡正国,钱壮志,陈健. 小秦岭金矿区域产出规律新认识——分区性、分层性、分带性和集群性的格局[J]. 黄金科学技术,1995(3):9-18.

[13] 贾承造,施央申. 东秦岭燕山期 A 型板块俯冲带的研究[J]. 南京大学学报(自然科学版),1986(1):120-128.

[14] 胡志宏,胡受奚. 东秦岭燕山期大陆内部挤压俯冲的构造模式及其证据[J]. 南京大学学报(自然科学版),1990,26(3):489-498.

[15] 王国征,卜海云,朱海军. 熊耳山地区地球物理特征与金成矿的关系[R]. 2005.

[16] 邹光华,等. 中国主要类型金矿床找矿模型[M]. 北京:地质出版社,1996.

[17] 吴发富,龚庆杰,石建喜,等. 熊耳山矿集区金矿控矿地质要素分析[J]. 地质与勘探,2012,48(5):865-875.

[18] 河南省地质矿产勘查开发局第一地质调查队. 河南省洛宁县上宫矿区金矿勘探地质报告[R]. 1988.

[19] 胡新露,姚书振,何谋春,等. 河南省上宫金矿成矿热力学条件及成矿机制[J]. 中南大学学报(自然科学版),2013(12):4962-4971.

[20] 范宏瑞,谢奕汉,王英兰. 豫西上宫构造蚀变岩型金矿成矿过程中的流体——岩石反应[J]. 岩石学报,1998,14(4):529-541.

[21] 陈衍景,李晶,Franco Pirajno,等. 东秦岭上宫金矿流体成矿作用:矿床地质和包裹体研究[J]. 矿物岩石,2004(03):1-12.

[22] 郭保健,李永峰,王志光,等. 熊耳山 Au – Ag – Pb – Mo 矿集区成矿模式与找矿方向[J]. 地质与勘探,2005(5):43-47.

[23] 刘红樱,胡受奚. 豫西马超营断裂带的控岩控矿作用研究[J]. 矿床地质,1998,17(1):70-81.

[24] 陈衍景,富士谷. 豫西金矿成矿规律[M]. 北京:地震出版社,1992.

[25] 范宏瑞,谢奕汉,王英兰. 豫西花山花岗岩岩浆热液的性质及与金成矿的关系[J]. 岩石学报,1993 (2).

[26] 王海华,陈衍景,高秀丽. 河南康山金矿同位素地球化学及其对成岩成矿及流体作用模式的印证[J]. 矿床地质,2001(2):190-198.

[27] 翟裕生,姚书振,蔡克勤. 矿床学[M]. 北京:地质出版社,2011.

[28] 周永章,涂光炽,Chown E H,等. 热液围岩蚀变过程中数学不变量的寻找及元素迁移的定量估计——以广东河台金矿田为例[J]. 科学通报,1994(11):1026-1028.

[29] 郭顺,叶凯,陈意,等. 开放地质体系中物质迁移质量平衡计算方法介绍[J]. 岩石学报,2013(5):1486-1498.

[30] 魏俊浩,刘丛强,丁振举. 热液型金矿床围岩蚀变过程中元素迁移规律——以张家口地区东坪、后沟、水晶屯金矿为例[J]. 矿物学报,2000(2):200-206.

[31] 龚庆杰,周连壮,胡杨,等. 胶东玲珑金矿田煌斑岩蚀变过程元素迁移行为及其意义[J]. 现代地质,2012(5).

[32] 艾金彪. 斑岩型矿床元素质量迁移定量探讨[D]. 中国地质科学院,2013.

[33] 张可清,杨勇. 蚀变岩质量平衡计算方法介绍[J]. 地质科技情报,2002(03):104-107.

[34] 钟增球,游振东. 剪切带的成分变异及体积亏损:以河台剪切带为例[J]. 科学通报,1995,40(10):913-916.

[35] 魏俊浩,张德会,王思源,等. 剪切带中矿化与非矿化地段流体——岩石相互作用差异性研究[J]. 地质科学,1999(4).

[36] 魏俊浩,刘丛强,张德会,等. 蚀变岩岩石质量平衡及主要成分变异序列——以河南西峡石板沟金矿热液蚀变岩为例[J]. 地球化学,1999(5).

[37] 邓海琳,涂光炽,李朝阳,等. 地球化学开放系统的质量平衡:1. 理论[J]. 矿物学报,1999(2):121-131.

[38] 高斌,马东升,刘连文. 围岩蚀变过程中地球化学组分质量迁移计算——以湖南沃溪金锑钨矿床为例[J]. 地质学报,1999(3).

[39] 韩吟文,马振东,张宏飞,等. 地球化学[M]. 北京:地质出版社,2003.

[40] 张德会. 成矿流体中金的沉淀机理研究述评[J]. 矿物岩石,1997(4).

[41] 胡受奚,等. 交代蚀变岩石学及其找矿意义[M]. 北京:地质出版社,2004.

[42] 黄诚,张德会,和成忠,等. 热液金矿床围岩蚀变特征及其与金矿化的关系[J]. 物探与化探,2014 (2).

[43] 周志东. 新疆萨尔布拉克金矿床热液蚀变与金矿化关系[J]. 新疆地质,1997(1):69-75.

[44] 冯友库. 脉金矿体侧伏研究方法及应用[J]. 黄金地质,1996(2):37-41.

[45] 汪劲草,王蓉嵘,周瑶,等. 矿体的侧伏规律及其地质意义[J]. 桂林工学院学报,2006,26(3):305-309.

[46] 谭满堂. 小秦岭地区金矿构造控矿规律研究[D]. 武汉:中国地质大学,2013.

[47] 于伟. 河南上宫金矿深部成矿特征及找矿预测[R]. 2011:113-117.

[48] 陆松年,李怀坤,李惠民,等. 金矿密集区的基底特征与成矿作用研究——以小秦岭、冀北和胶北金矿密集区为例[M]. 北京:地质出版社,1997.

[49] 胡新露,何谋春,姚书振. 东秦岭上宫金矿成矿流体与成矿物质来源新认识[J]. 地质学报,2013(1):91-100.

[50] 毛景文,谢桂青,张作衡,等. 中国北方中生代大规模成矿作用的期次及其地球动力学背景[J]. 岩石学报,2005(1):171-190.

[51] 黎世美. 熊耳山地区构造蚀变岩型金矿成矿规律和成矿条件. 华北地台南缘地质与成矿[M]. 武汉:

中国地质大学出版社,1996.

[52] 任富根,殷艳杰,李双保,等. 熊耳裂陷印支期同位素地质年龄耦合性[J]. 矿物岩石地球化学通报, 2001(4):286-288.

[53] 任志媛,李建威. 豫西上宫金矿床矿化特征及成矿时代[J]. 矿床地质,2010(S1):987-988.

[54] 汪江河,孙卫志,刘耀文,等.金矿体趋势预测方法及其在河南上宫金成矿带的应用效果[J].矿产勘查,2015(6):752-758.